全国高级技工学校电气自动化设备安装与维修专业

电气基本控制线路安装与维修（第二版）

习题册

李敬梅　主编

中国劳动社会保障出版社

简　介

本习题册是全国高级技工学校电气自动化设备安装与维修专业教材《电气基本控制线路安装与维修（第二版）》的配套用书。习题册按照教材章节编排，内容紧扣教材的教学要求，注重基础知识的巩固和基本能力的培养，知识点分布均衡，题型丰富，难易适当，有助于学生复习巩固所学知识。

本习题册由李敬梅任主编，朱永福任副主编，关开芹、牛司余、李宗金、刘超、张冬青参加编写；李长城审稿。

图书在版编目（CIP）数据

电气基本控制线路安装与维修（第二版）习题册 / 李敬梅主编. -- 北京 : 中国劳动社会保障出版社, 2024. -- (全国高级技工学校电气自动化设备安装与维修专业). -- ISBN 978-7-5167-6477-0

Ⅰ. TM571.2-44

中国国家版本馆 CIP 数据核字第 2024X9Y551 号

中国劳动社会保障出版社出版发行

（北京市惠新东街 1 号　邮政编码：100029）

*

北京谊兴印刷有限公司印刷装订　新华书店经销

787 毫米×1092 毫米　16 开本　6.5 印张　154 千字

2024 年 6 月第 1 版　　2024 年 6 月第 1 次印刷

定价：13.00 元

营销中心电话：400-606-6496

出版社网址：http://www.class.com.cn

http://jg.class.com.cn

目录

绪　论

一、填空题（将正确的答案填写在横线上）

1. 电力拖动是指用____________拖动生产机械的工作机构使之运转的一种拖动方式。

2. 电力拖动系统一般由_________、___________、_________和_________四个子系统组成。它们之间的关系可表示如下。

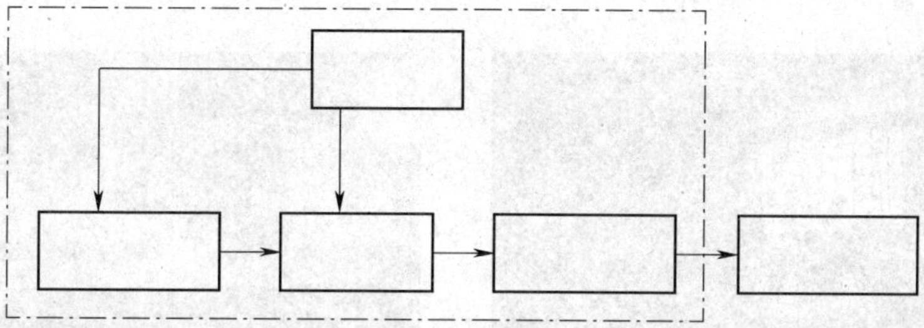

3. 在电力拖动系统中，电源是电动机和控制设备的_________，分为_______电源和_______电源；控制设备用来控制__________的运转；电动机是生产机械的原动机，将_______能转换成_________能；传动机构是在电动机和工作机构之间传递_________的装置。

二、简答题

1. 在实际生活和生产中你见到过哪些电力拖动的实例？电力拖动具有哪些优点？

2. 图 0－1 中各设备是由什么拖动运转的？哪些属于电力拖动？

a) b) c) d)

图 0－1

a）电动车　b）电风扇　c）纺线车　d）CK6140H 型数控车床

模块一　三相电动机基本控制线路的安装与维修

课题一　三相笼型异步电动机正转控制线路的安装与维修

任务1　认识低压开关和低压熔断器

一、填空题（将正确的答案填写在横线上）

1. 要使电动机按照生产机械的要求正常安全地运转，必须配备一定的________，组成一定的________________，才能达到目的。

2. 工作在交流额定电压______V 及以下、直流额定电压______V 及以下的电器称为低压电器。

3. 低压电器按其用途和所控制的对象不同，分为______________和__________；按其动作方式分为________________和________________；按其执行机构分为__________________和________________。

4. 无触点电器没有________的触点，主要利用半导体元器件的__________效应来实现电路的通断控制。

5. 燃弧时间是指电器分断过程中，从触头断开（或熔体熔断）出现电弧的______开始，至电弧__________为止的时间间隔。

6. 低压开关一般为____________电器，主要作________、________、________和________电路用。

7. 在电力拖动中，低压开关多数用作机床电路的______________和局部照明电路的__________，也可用来直接控制________电动机的启动、停止和正反转。

8. 低压断路器又称为______________或______________，简称__________。它集__________和__________功能于一体，在线路正常工作时，可用于不频繁地接通和分断电路；当电路中发生______、______和______等故障时，它能自动跳闸切断故障电路，保护线路和电气设备。

9. 低压断路器按操作方式可分为______________、______________和______________；按在电路中的用途可分为______________、________________________和其他负载（如照明）用断路器等。

10. DZ5 系列断路器有三对________，一对____________和一对____________。使用时三对主触头______在被控制的三相电路中，用以接通和分断________的大电流。

11. 断路器的热脱扣器用于____________保护，整定电流的大小由______________调节。

12. 断路器的欠压脱扣器用于______和______保护。具有欠压脱扣器的断路器，在欠压脱扣器两端__________或____________时，不能接通电路。

13. 选用低压断路器时，应符合以下要求。

（1）额定电压和额定电流应________线路、设备的正常工作电压和工作电流。

（2）热脱扣器的整定电流应________所控制负载的额定电流。

（3）电磁脱扣器的瞬时脱扣整定电流应____负载电路正常工作时的______电流。

（4）欠压脱扣器的额定电压应________线路的额定电压。

（5）断路器的极限通断能力应________电路的________短路电流。

14. 生产中常用的开启式负荷开关是____系列，它结构简单，价格便宜，适于在交流 50 Hz、额定电压单相______V 或三相______V、额定电流 10～100 A 的照明、电热设备及小容量电动机控制线路中，供手动__________地接通和分断电路，并起________保护作用。

15. 开启式负荷开关的瓷底座上装有________、________、________、______和带瓷质手柄的___________，上面盖有胶盖，以防止操作时触及______或分断时产生的______飞出伤人。

16. 封闭式负荷开关俗称___________，适于在交流频率 50 Hz、额定工作电压 380 V、额定工作电流________A 的电路中，用于手动不频繁地接通和分断带负载的电路及线路末端的__________保护，也可用于控制______kW 以下小容量交流电动机的不频繁直接启动和停止。

17. HH 系列封闭式负荷开关的罩盖与操作机构设置了联锁装置，保证开关在合闸状态下罩盖不能__________，而当罩盖开启时又不能__________，以确保操作安全。

18. 组合开关适用于交流频率 50 Hz、电压 380 V 及以下，直流 220 V 及以下的电气线路中，供手动_________地接通和分断电路，换接______和______，也可以用于控制____kW 以下小容量电动机的启动、停止和正反转。

19. 熔断器是低压配电网络和电力拖动系统中用作___________的电器。

20. 熔断器使用时，应____联在被保护的电路中。熔断器在电路图中的符号是________。

21. 熔断器主要由_________、________________和__________三部分组成。

22. 熔管是熔体的保护外壳，用____________制成，在熔体熔断时兼有______作用。

23. 如果熔断器的实际工作电压大于其额定电压，熔体熔断时可能发生____________的危险。

24. 熔断器的额定电流是指保证熔断器能________________的电流，是由熔断器各部分长期工作时的___________决定的。

25. 型号 RL1－60/25 中，R 表示_________，L 表示______，设计代号为__________，熔断器额定电流为_______A，熔体额定电流为______A。

26. RT0 系列有填料封闭管式熔断器配有________指示装置，并可用配备的专用绝缘手柄，在带电的情况下更换________。

27. 快速熔断器主要用于半导体硅整流元件的____________保护，其主要特点是____________，动作迅速。

28. 自复式熔断器具有______作用显著、动作时间_________、动作后不必更换______、能重复使用、能实现自动重合闸等优点，所以在生产中的应用范围不断扩大。

29. 选用熔断器时，必须使熔断器的额定电压______或______线路的额定电压。

30. 熔断器的额定电流应______或______所装熔体的额定电流；熔断器的分断能力应_______电路中可能出现的最大短路电流。

二、判断题（正确的打“√”，错误的打“×”）

1. 低压开关、低压熔断器、接触器、继电器等电器均属于低压配电电器，主要用于低压配电系统及动力设备中。（ ）

2. 自动切换电器依靠电器本身参数的变化或外来信号的作用，自动完成接通或分断等动作。（ ）

3. 非自动切换电器是指仅依靠手控直接操作来切换电路的电器。（ ）

4. 有触点电器一定具有可分离的动触点和静触点。（ ）

5. 低压电器的短路接通能力和短路分断能力是一样的。（ ）

6. 不论何种生产机械，对电动机的控制要求都是相同的。（ ）

7. 不同的生产机械其配电盘是不同的，所用电器的数量、型号、规格也不同。（ ）

8. 操作频率是开关电器在每小时内可能实现的最低循环操作次数。（ ）

9. 低压开关属于自动切换电器。（ ）

10. 接近开关、固态继电器等电器具有可分离的动触点和静触点，属于有触点电器。（ ）

11. 低压断路器只能起控制电路接通和断开的作用，不能起过载保护作用。（ ）

12. 低压断路器中电磁脱扣器的作用是实现失压保护。（ ）

13. DZ5 系列断路器的热脱扣器和电磁脱扣器均设有电流调节装置。（ ）

14. 低压断路器各脱扣器的动作值一经调整好，不允许随意变动，以免影响脱扣器的动作值。（ ）

15. HK 系列开启式负荷开关没有专门的灭弧装置，因此不宜用于操作频繁的电路。（ ）

16. 开启式负荷开关用作电动机的控制开关时，应根据电动机的容量选配合适的熔体并装于开关内作短路保护。（ ）

17. HH 系列封闭式负荷开关的操作机构具有快速分断装置，开关的闭合和分断速度与操作者手动速度无关。（ ）

18. 由于负荷开关采用了扭簧储能结构，故开关的闭合和分断速度与手动操作无关。（ ）

19. 组合开关的通断能力较低，不能用来分断故障电流。（ ）

20. HK 系列开启式负荷开关若带负载操作，其动作越慢越好。（ ）

21. HZ 系列组合开关可用于频繁地接通和断开电路，换接电源和负载。（ ）

22. HZ 系列组合开关无储能分合闸装置。（ ）

23. 熔断器的额定电流与熔体的额定电流的含义相同。（ ）

24. 正常情况下，熔断器的熔体只相当于一段导线，并不熔断。（ ）

25. 熔断器的熔断时间随电流的增大而减小，是反时限特性。（ ）

26. 熔断器的最小熔化电流 I_{Rmin} 必须大于或等于额定电流 I_N。（ ）

27. 在电动机控制线路中，熔断器既可以用作短路保护电器，又可以用作过载保护电器。（ ）

28. 熔断器对短路反应灵敏，但对过载反应很不灵敏。（ ）

29. 在照明和电加热电路中，熔断器既可以用于过载保护，也可以用于短路保护。
（　　）

30. 型号为 RL1－15 的熔断器，只能配用额定电流为 15 A 的熔体。（　　）

31. 熔断器能分断的预期分断电流值称为熔断器的分断能力。（　　）

32. 最小熔化电流（或临界电流）I_{Rmin} 是熔断器的熔断电流与不熔断电流的分界线，往往以在 1～2 min 内能熔断的最小电流值作为最小熔化电流。（　　）

三、选择题（将正确答案的序号填在括号内）

1. 低压电器的分断能力是指开关电器在规定的条件下，能在给定的电压下分断的（　　）。

A. 电流值　　B. 预期分断电流值

C. 预期值

2. 低压电器的接通能力是指开关电器在规定的条件下，能在给定的电压下接通的（　　）。

A. 预期接通值　　B. 电流值　　C. 预期接通电流值

3. 以下属于自动切换电器的是（　　）。

A. 低压开关　　B. 按钮　　C. 接触器

4. 从电流开始在开关电器的一个极流过的瞬间起，到所有极的电弧最终熄灭的瞬间为止的时间间隔为开关电器的（　　）。

A. 接通时间　　B. 分断时间　　C. 通断时间　　D. 燃弧时间

5. 通断能力是指开关电器在规定的条件下，能在给定的电压下（　　）的预期电流值。

A. 接通　　B. 分断　　C. 接通和分断

6. 在正常工作条件下，机械开关电器不需要修理或更换零件的负载操作循环次数称为（　　）。

A. 电寿命　　B. 操作频率　　C. 通电持续率

7. DZ5－20 系列低压断路器中的热脱扣器的作用是（　　）。

A. 欠压保护　　B. 短路保护　　C. 过载保护　　D. 断相保护

8. DZ5－20 系列低压断路器中的电磁脱扣器的作用是（　　）。

A. 欠压保护　　B. 短路保护　　C. 过载保护　　D. 断相保护

9. HK 系列开启式负荷开关用于一般的照明电路和功率小于（　　）的电动机控制线路。

A. 5.5 kW　　B. 7.5 kW　　C. 10 kW　　D. 15 kW

10. HK 系列开启式负荷开关用于控制电动机的直接启动和停止时，选用额定电压 380 V 或 500 V，额定电流不小于电动机额定电流（　　）倍的三极开关。

A. 1.5　　B. 2　　C. 3

11. 组合开关用于控制小型异步电动机的运转时，开关的额定电流一般取电动机额定电流的（　　）倍。

A. 1.5～2.5　　B. 1～2　　C. 2～3

12. 低压开关一般为（　　）。

A. 非自动切换电器　　B. 自动切换电器

C. 半自动切换电器　　　　　　　　　　D. 自动控制电器

13. 一个额定电流等级的熔断器可以配用若干个额定电流等级的熔体，但要保证熔断器的额定电流值（　　）所装熔体的额定电流值。

A. 大于　　　　B. 大于或等于　　　　C. 小于

14. 熔断器的核心是（　　）。

A. 熔体　　　　B. 熔管　　　　C. 熔座

15. 当从螺旋式熔断器的瓷帽玻璃窗口观测到带小红点的熔断指示器自动脱落时，表示熔丝（　　）。

A. 未熔断　　　　B. 已经熔断　　　　C. 无法判断

16. 熔断器在电气线路或设备出现短路故障时，应（　　）。

A. 不熔断　　　　B. 立即熔断　　　　C. 延时熔断

17. 对照明和电热等电流较平稳、无冲击电流的负载的短路保护，熔体的额定电流应（　　）负载的额定电流。

A. 等于或稍大于　　　　B. 大于　　　　C. 小于

18. 对于短路电流相当大或有易燃气体的场合，应选用（　　）熔断器作为短路保护电器。

A. RL 系列螺旋式　　　　B. RT0 系列有填料封闭管式

C. RM10 系列无填料封闭管式

19. 在机床控制线路中，多选用（　　）熔断器作为短路保护电器。

A. RL 系列螺旋式　　　　B. RT0 系列有填料封闭管式

C. RM10 系列无填料封闭管式

20. 对一台不经常启动且启动时间不长的电动机的短路保护，熔体的额定电流 I_{RN} 应大于或等于电动机额定电流 I_N 的（　　）倍。

A. 4 ~ 7　　　　B. 1.5 ~ 2.5　　　　C. 1 ~ 2

21. 以下熔断器中，极限分断能力较差的是（　　）。

A. RL 系列螺旋式　　　　B. RT0 系列有填料封闭管式

C. RM10 系列无填料封闭管式　　　　D. RC1A 系列瓷插式

22. 用于半导体功率元件及晶闸管的保护时，应选用（　　）熔断器。

A. RC1A 系列瓷插式　　　　B. RT0 系列有填料封闭管式

C. RM10 系列无填料封闭管式　　　　D. RS 或 RLS 系列快速

四、简答题

1. 什么是电器？根据工作电压的高低，电器可分为哪两类？

2. 低压电器的常用术语有哪些？

3. 低压断路器有哪些保护功能？分别由低压断路器的哪些部件完成？

4. 如何选用开启式负荷开关？

5. 组合开关按极数分为哪几类？其主要参数有哪些？

6. 熔断器的主要参数有哪些？

7. 什么是熔断器的时间－电流特性？为什么熔断器一般不宜用于过载保护，而主要用于短路保护？

8. 如何正确选择熔体的额定电流？

9. 在电气控制线路中，对熔断器的要求有哪些？

五、计算题

1. 某机床电动机的型号为 Y112M－4，额定功率为 4 kW，额定电压为 380 V，额定电流为 8. 8 A，启动电流为额定电流的 7 倍，该电动机正常工作时不需要频繁启动。试确定断路器的型号和规格。

2. 某机床电动机的型号为 Y132S－4，额定功率为 5. 5 kW，额定电压为 380 V，额定电流为 11. 6 A，该电动机正常工作时不需要频繁启动。若用熔断器为该电动机提供短路保护，试确定熔断器的型号和规格。

任务 2　手动正转控制线路的安装与维修

一、填空题（将正确的答案填写在横线上）

1. 手动正转控制线路通过＿＿＿＿＿＿控制电动机单向启动和停止，同时带动生产机械的运动部件朝＿＿＿＿方向旋转或运动。在工厂中＿＿＿＿＿＿＿＿和＿＿＿＿常采用手动正转控制线路来控制。

2. 凡采用电力拖动的生产机械，其电动机的运转都是由各种＿＿＿构成的控制线路来进行控制的。

3. 电路图能充分表达电气设备和电器的＿＿＿、＿＿＿和线路的＿＿＿＿＿，是电气线路安装、调试和维修的______依据。

4. 电路图一般分__________、__________和__________三部分绘制。

5. 电路图中的电源电路一般画成____线，三相交流电源相序 L1、L2、L3 自______而____依次排列画出，中性线 N 和保护地线 PE 依次画在________之下。直流电源的“+”端在____，“-”端在______画出。电源开关要________画出。

6. 主电路是指______的动力装置及控制、保护电器的支路等，是电源向负载提供____的电路。

7. 主电路通过的是电动机的________，电流比较______，一般在图纸上用______表示，绘于电路图的______侧并______于电源电路。

8. 辅助电路一般包括控制主电路工作状态的____________、显示主电路工作状态的__________、提供机床设备局部照明的__________等。

9. 辅助电路一般由____________的触头、接触器的__________及__________、继电器的______及______、仪表、指示灯和照明灯等组成。通常辅助电路通过的电流较______，一般不超过____A。

10. 画电路图时辅助电路要跨接在______相电源之间，用细实线依次垂直画在主电路的______侧，并且耗能元件要画在电路图的________，电器的触头要画在耗能元件与______电源线之间。

11. 在电路图中，电气元件不画实际的外形图，而是用国家统一规定的______________表示。

12. 电路图采用电路编号法，即对电路中的各个接点用______或______编号。

13. 在电气图中，________、________、信号通路及元器件、设备的引线均称为连接线。

14. 绘制电气图时，连接线一般应采用________，无线电信号通路采用________，并且应尽量减少不必要的连接线，避免线条________和________。

15. 接线图中所有的电气设备和电气元件都按其所在的________位置绘制在图纸上，且同一电器的各元件根据其实际结构，使用与________相同的图形符号画在一起，并用点画线框上，其文字符号以及接线端子的编号应与__________中的标注一致，以便对照检查接线。

16. 生产机械电气控制线路的电气图常用__________、________和________表示。

17. 在实际工作中，电路图、________和__________要结合起来使用。

18. 低压断路器应________安装，电源线应接在____端，负载线应接在____端。

19. 低压断路器用作电源总开关或电动机的控制开关时，在电源进线侧必须加装__________或__________等，以形成明显的断开点。

20. 断路器闭合后一定时间自行分断，则故障原因是________________，处理方法是________________________。

21. 开启式负荷开关必须______安装，并保证合闸状态时手柄应朝______。

22. 开启式负荷开关用于控制照明和电热负载时，要装接熔断器作______保护和_______保护。

23. 开启式负荷开关接线时应把__________接在静触头一边的进线座，______接在动触头一边的出线座。

24. 开启式负荷开关用作电动机的控制开关时，应将开关的熔体部分用________直接连接，并在__________另外加装熔断器作短路保护。

25. 封闭式负荷开关必须垂直安装于________________和________场合，安装高度一般离地不低于________m，外壳必须______________。

26. 螺旋式熔断器接线时，电源线应接在____接线座上，负载线应接在______接线座上，以保证能安全地更换熔管。

27. 更换熔体或熔管时，必须______电源，尤其不允许__________操作，以免发生电弧灼伤。封闭管式熔断器的熔体应用专用的______________进行更换。

28. 对RM10系列熔断器，在切断过三次相当于分断能力的电流后，必须______________，以保证能可靠地切断所规定分断能力的电流。

29. 熔断器兼作隔离器件使用时，应安装在控制开关的__________端；若仅作短路保护，应装在控制开关的________端。

二、判断题（正确的打"√"，错误的打"×"）

1. 流过主电路和辅助电路的电流相等。（　）

2. 在电路图中，一般主电路垂直画出时，辅助电路要水平画出。（　）

3. 画电路图、布置图、接线图时，同一电器的各元件都要按它们的实际位置画在一起。（　）

4. 画电路图时，由于同一电器的各元件是按其在线路中所起的作用分画在不同的电路中，所以必须标注同一文字符号，以表示它们的动作是相互关联的。（　）

5. 在电路图中，各电器的触头位置都按电路未通电或电器未受外力作用时的常态位置画出。（　）

6. 布置图中各电器的文字符号，必须与电路图和接线图的标注相一致。（　）

7. 开启式负荷开关既可以垂直安装，又可以倒装或平装在控制屏或开关板上。（　）

8. HH系列封闭式负荷开关的进出线都必须穿过开关的进出线孔，在进行分合闸操作时，要站在开关的手柄侧，不准面对开关，以保证安全。（　）

9. HZ10系列组合开关应安装在控制箱（或壳体）内，其操作手柄最好伸出在控制箱的前面或侧面。开关为断开状态时应使手柄在垂直位置。（　）

10. 当熔体的规格过小时，可用多根小规格的熔体并联代替一根大规格的熔体。（　）

11. 在更换新的熔体时，不能轻易改变熔体的规格，更不准随便使用铜丝或铁丝代替熔体。（　）

12. 熔体熔断后，应立即更换新的熔体，以免影响生产。（　）

三、选择题（将正确答案的序号填在括号内）

1. 对于有直接电联系的交叉导线的连接点（　）。

A. 要画小黑圆点　B. 不画小黑圆点　C. 可画小黑圆点也可不画小黑圆点

2. 同一电器的各元件在电路图和接线图中使用的图形符号和文字符号要（　）。

A. 基本相同　B. 不同　C. 完全相同

3. 主电路的编号在电源开关的出线端按相序依次为（　）。

A. U、V、W　B. L1、L2、L3　C. U11、V11、W11

4. 单台三相交流电动机（或设备）的三根引出线，按相序依次为（　）。

A. U、V、W　B. L1、L2、L3　C. U11、V11、W11

5. 辅助电路编号根据“等电位”原则，按从上至下、从左至右的顺序用（　　）编号。

A. 数字　　B. 字母　　C. 数字或字母

6. 控制电路编号的起始数字是（　　）。

A. 1　　B. 100　　C. 200

7. 用兆欧表检查线路绝缘电阻值，应不小于（　　）。

A. 1 MΩ　　B. 5 MΩ　　C. 10 MΩ

8. 熔断器的熔体未熔断，但电路不通，其可能的原因是（　　）。

A. 熔体电流等级选择过小　　B. 熔体或接线座接触不良

C. 负载侧短路或接地

四、简答题

1. 电路图、布置图和接线图有什么区别？分别在什么场合使用？

2. 如果低压断路器在使用过程中温升过高，故障原因可能有哪些？

3. 用低压断路器启动小容量电动机时，按下“合”按钮，断路器接通电路，但运行一段时间后自行分断，试分析故障原因及处理方法。

4. 如果低压断路器不能合闸，可能的故障原因有哪些？

5. 安装和使用开启式负荷开关时，应注意哪些问题？

6. 组合开关的常见故障有哪些？

7. 某电路中，电路接通瞬间熔体熔断，试分析故障原因。

8. 板前明线布线有哪些工艺要求？

9. 简述电动机基本控制线路的一般安装步骤。

任务3　认识按钮和接触器

一、填空题（将正确的答案填写在横线上）

1. 按钮的触头允许通过的电流较________，一般不超过____A。

2. 按钮按不受外力作用（即静态）时触头的分合状态，分为__________、__________和复合按钮。

3. 为了便于操作人员识别各个按钮的作用，避免误操作，通常用不同的______和______标志来区分按钮的作用。

4. 按钮颜色的含义：红色的含义是______，应在________或________情况时操作；黄色的含义是________，应在出现______情况时操作；绿色的含义是______，应在______情况或为______情况做准备时操作；蓝色的含义是________，在要求__________的情况下操作；白、灰、黑色未赋予特定含义，是除______以外的一般功能的启动。

5. 按钮结构形式代号的含义：K——________；H——__________；S——________；F——________；J——________；X——_________；Y——___________；D——_________。

6. 同一机床运动部件有几种不同的工作状态时（如上、下；前、后；松、紧等），应将每一对________状态的按钮安装在一组。

7. 接触器实际上是一种自动的____________开关，其触头的通断不是由______来控制，而是______操作。

8. 接触器按主触头通过电流的种类，分为______________和______________两类。

9. 交流接触器主要由__________、__________、__________和__________等组成。

10. 交流接触器的电磁系统主要由__________、__________和__________三部分组成。

11. 交流接触器利用电磁系统中________的通电或断电，使静铁芯吸合或释放______，从而带动________与静触头闭合或分断，实现电路的接通或断开。

12. 交流接触器的铁芯一般用 E 形________叠压而成，以减少铁芯的______和______损耗。铁芯的两个端面上嵌有________，用以消除电磁系统的振动和噪声。

13. CJ10 系列交流接触器的衔铁运动方式有两种，对于额定电流为 40 A 及以下的接触器，采用衔铁直线运动的__________；对于额定电流为 60 A 及以上的接触器，采用衔铁绕轴转动的__________。

14. 交流接触器的触头按接触情况可分为__________、__________和__________三种；按触头的结构形式可分为__________和__________两种；按通断能力可分为__________和__________。

15. 当接触器线圈通电时，______触头先断开，______触头随后闭合，中间有一个很短的________。当线圈断电后，________触头先恢复断开，________触头随后恢复闭合，中间也存在一个很短的__________。

16. 接触器灭弧装置的作用是熄灭触头________时产生的电弧，以减轻电弧对触头的灼伤，保证可靠地分断电路。

17. 交流接触器常采用的灭弧装置有____________________________、______________和__________________。

18. 常用的 CJ10 系列交流接触器在__________倍的额定电压下，能保证触头可靠吸合。

19. 直流接触器主要由__________、____________和____________三部分组成。

20. 直流接触器的主触头接通和断开时的电流较______，多采用滚动接触的______触头，以延长触头的使用寿命。辅助触头的通断电流较____，多采用__________触头，可有若干对。

21. 直流接触器一般采用__________灭弧装置结合其他灭弧方法灭弧。

22. 机械联锁（可逆）交流接触器实际上是由____________________的交流接触器再加上__________联锁机构和__________联锁机构所组成的。

23. 切换电容器接触器专用于____________设备中投入或切除______________，以调整用电系统的功率因数。

24. 真空接触器是以________为灭弧介质，其主触头封闭在__________内，特别适用于条件__________的环境中。

25. 根据表 1 –1 中按钮的结构，写出各按钮的名称及数字所表示的结构名称，画出各按钮的符号。

表 1－1

结构	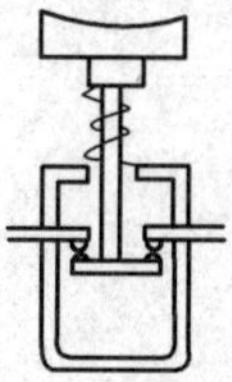	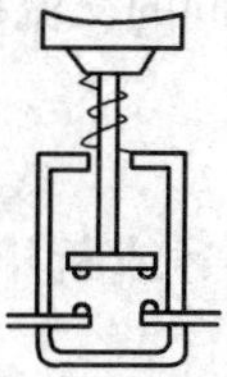	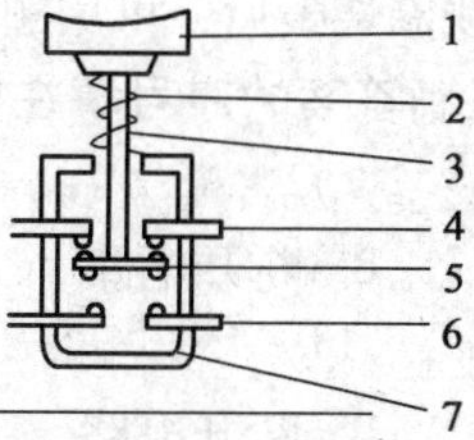 1 ______ 2 ______ 3 ______ 4 ______ 5 ______ 6 ______ 7 ______
符号			
名称			

二、判断题（正确的打“√”，错误的打“×”）

1. 按钮既可以在控制电路中发出指令或信号，去控制接触器、继电器等电器，又可以直接控制主电路的通断。（　）

2. 按钮的安装应牢固，安装按钮的金属板或金属按钮盒必须可靠接地。（　）

3. 按下复合按钮时，其常开触头和常闭触头同时动作。（　）

4. 光标按钮可用于需长期通电显示处，兼作指示灯使用。（　）

5. 当按下启动按钮然后松开时，其常开触头一直处于闭合接通状态。（　）

6. 常闭按钮可作停止按钮使用。（　）

7. 接触器除用来通断大电流电路，还具有欠电压和过电压保护功能。（　）

8. 交流接触器中发热的主要部件是铁芯。（　）

9. 交流接触器的线圈一般做成细而长的圆筒形，以增强铁芯的散热效果。（　）

10. CJ10 系列交流接触器的触头一般采用双断点桥式触头，在触头上装有压力弹簧片，以消除有害振动。（　）

11. 接触器触头的常开和常闭是指电磁系统未通电动作前触头的状态。（　）

12. 接触器的常开触头和常闭触头是同时动作的。（　）

13. 交流接触器的线圈电压过高或过低都会造成线圈过热而烧毁。（　）

14. 绝对不允许带灭弧罩的交流接触器不带灭弧罩或带破损的灭弧罩运行。（　）

15. 直流接触器的铁芯与交流接触器的铁芯一样也会产生涡流和磁滞损耗而发热，所以也是用硅钢片叠压制成的。（　）

16. 直流接触器的铁芯端面不需要嵌装短路环。（　）

17. 直流接触器的发热以铁芯发热为主。（　）

18. 为了使线圈散热良好，常常将直流接触器的线圈做成长而薄的圆筒形。（　）

19. 在同样的电气参数下，熄灭直流电弧比熄灭交流电弧要困难。（　）

20. 机械联锁（可逆）交流接触器可以保证在任何情况下都不能使两台交流接触器同时吸合。（　）

21. 交流接触器在线圈电压小于 85% U_N 时也能正常工作。（　）

22. 运行中的交流接触器，其铁芯端面不允许涂油防锈。（　　）

23. 直流接触器的线圈烧毁后，可用额定电压值相同的交流接触器的线圈代替。（　　）

三、选择题（将正确答案的序号填在括号内）

1. 常开按钮只能（　　）。

A. 接通电路　　B. 断开电路　　C. 接通或断开电路

2. 常闭按钮只能（　　）。

A. 接通电路　　B. 断开电路　　C. 接通或断开电路

3. 交流接触器E形铁芯中柱端面留有0.1～0.2 mm的气隙是为了（　　）。

A. 减小剩磁影响　　B. 减小铁芯振动　　C. 利于散热

4. 接触器的主触头一般由三对常开触头组成，用以通断（　　）。

A. 电流较小的控制电路　　B. 电流较大的主电路

C. 控制电路和主电路

5. 接触器的辅助触头一般由两对常开触头和两对常闭触头组成，用以通断（　　）。

A. 电流较小的控制电路　　B. 电流较大的主电路

C. 控制电路和主电路

6. 对于CJ10－10型容量较小的交流接触器，一般采用（　　）灭弧。

A. 栅片灭弧装置　　B. 纵缝灭弧装置

C. 双断口结构的电动力灭弧装置

7. 对于额定电流在20 A及以上的CJ10系列交流接触器，常采用（　　）灭弧。

A. 栅片灭弧装置　　B. 纵缝灭弧装置

C. 双断口结构的电动力灭弧装置

8. 对于容量较大的交流接触器，多采用（　　）灭弧。

A. 栅片灭弧装置　　B. 纵缝灭弧装置

C. 双断口结构的电动力灭弧装置

9. 直流接触器的磁路中常垫有非磁性垫片，其作用是（　　）。

A. 减小铁芯涡流　　B. 减小吸合时的电流

C. 减少剩磁影响

10. 接触器若使用在频繁启动、制动及正反转的场合，应将接触器主触头的额定电流降低（　　）等级使用。

A. 一个　　B. 两个　　C. 三个

四、简答题

1. 接触器有哪些优点？

2. 什么是电弧？它有哪些危害？

3. 交流接触器有哪些辅助部件？各起什么作用？

4. 与交流接触器相比，直流接触器的电磁系统有什么特点？

5. 对容量较大的直流接触器的线圈采用串联双绕组有什么好处？

任务4　点动正转控制线路的安装

一、填空题（将正确的答案填写在横线上）

1. 手动正转控制线路的优点是所用__________少，线路______，缺点是________________大，安全性差，且不便于实现__________控制和________控制。

2. 点动正转控制线路是用__________、__________控制电动机运转的最简单的正转控制线路。

3. 在控制板上，断路器、熔断器的受电端子应安装在控制板的____侧。

4. 在进行电气控制线路安装时，主电路导线的截面积要根据电动机容量进行选择；控制电路导线一般采用截面积为____mm^2的塑铜线；按钮线一般采用截面积为________mm^2的塑铜线（BVR）；接地线一般采用截面积不小于________mm^2的塑铜线（BVR）。

5. 为保证人身安全，在通电试运转时，要认真执行安全操作规程的有关规定，一人______，一人______。

6. 通电试运转完毕，停转切断电源后，应先拆除__________线，再拆除________线。

7. 电动机及按钮的金属外壳必须可靠________。

8. 电源进线应接在螺旋式熔断器的____接线座上，出线应接在____接线座上。

二、判断题（正确的打"√"，错误的打"×"）

1. 安装控制线路时，对导线的颜色没有具体要求。（　　）

2. 按元件明细表选配的电气元件可以直接安装，不用检验。（　　）

3. 点动控制是指点一下按钮就可以使电动机启动并连续运转的控制方法。（　　）

4. 在图 1－1 所示控制电路中，正常操作时会出现点动工作状态的是图 B。（　　）

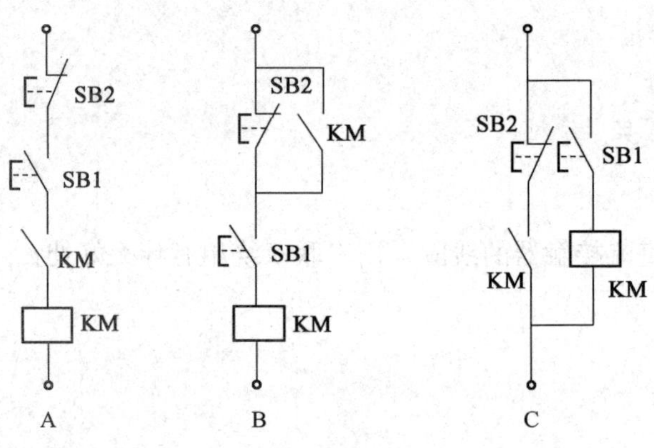

图 1－1

三、简答题

1. 什么是点动控制？分析并判断图 1－2 所示各控制电路能否实现点动控制，若不能，线路将会出现什么现象？

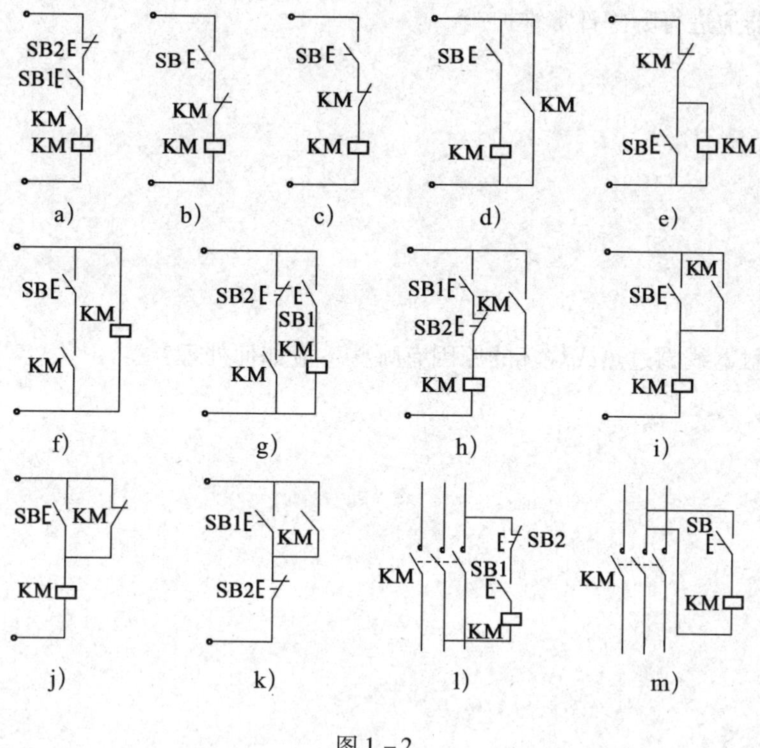

图 1－2

2. 接触器安装前应做哪些检查？

3. 对接触器应进行哪些日常维护？

4. 引起接触器线圈过热或烧坏的原因有哪些？应如何处理？

5. 使接触器触头灼伤或熔焊的原因有哪些？

任务5　接触器自锁正转控制线路的安装与维修

一、填空题（将正确的答案填写在横线上）

1. 热继电器是利用流过继电器的电流所产生的__________而反时限动作的自动保护电器。所谓反时限动作，是指电器的延时动作时间随通过电路电流的增大而________。

2. 热继电器主要与________配合使用，用于电动机的______保护、________保护、电流不平衡运行的保护及其他电气设备发热状态的控制。

3. 热继电器的形式有多种，其中__________式应用最多。

4. 热继电器的复位方式有________复位和________复位两种。

5. 双金属片热继电器主要由________、__________、__________、______________和____________组成。

6. 使用热继电器时，需要将________串联在主电路中，__________串联在控制电路中。

7. 热继电器整定电流的大小可以通过旋转________________来调节。

8. 选择热继电器时，主要根据所保护电动机的额定电流来确定热继电器的______和热元件的___________。

9. 热继电器的自动复位时间不大于______min，手动复位时间不大于______min。

10. JR36 系列热继电器具有________保护、________补偿、____________复位功能，其动作可靠，适用于交流 50 Hz，电压至 690 V，电流 0.25 ~160 A 的电路中，对长期或间断长期工作的交流电动机作_________与_________保护。

11. 当热继电器与其他电器安装在一起时，应将热继电器安装在其他电器的____方，以免其动作特性受到其他电器发热的影响。

12. 使用中的热继电器应定期________校验。

13. 热继电器在出厂时均调整为__________复位方式，将复位螺钉沿顺时针方向旋转 3 ~4 圈并稍微拧紧即可________复位。

二、判断题（正确的打“√”，错误的打“×”）

1. 热继电器都带有断相保护装置。（　　）

2. 只要超过热继电器的整定电流，热继电器就会立即动作。（　　）

3. 不论电动机的定子绕组接成 Y 形还是接成△形，普通两极或三极结构的热继电器都能实现断相保护。（　　）

4. 熔断器和热继电器都是保护电器，两者可以相互代用。（　　）

5. 带断相保护装置的热继电器只能对电动机作断相保护，不能作过载保护。（　　）

6. 热继电器动作不准确时，可轻轻弯折热元件以调节动作值。（　　）

7. 热继电器在使用中，若发现双金属片上有锈斑，应用清洁棉布蘸汽油轻轻擦除，或用砂纸打磨。（　　）

8. 热继电器的整定电流是指热继电器工作而不动作的电流。（　　）

9. 由于热继电器主双金属片受热膨胀的热惯性及传动机构传递信号存在惰性，因此，在电动机控制线路中，热继电器只能作过载保护，不能作短路保护。（　　）

10. 热继电器出线端的连接导线应按规定要求选用。（　　）

11. 热继电器在电路中的接线原则是热元件串联在主电路中，常开触头串联在控制电路中。（　　）

12. 接触器自锁控制线路具有失压和欠压保护功能。（　　）

13. 由于热继电器在电动机控制线路中兼有短路和过载保护功能，所以不需要再接入熔断器作短路保护。（　　）

14. 在三相异步电动机控制线路中，熔断器只能用于短路保护。（　　）

15. 图 1 –3 所示为具有过载保护的接触器自锁正转控制线路，当电动机过载或短路时，KH 的常闭触头断开，使 KM 线圈失电，KM 主触头断开，电动机 M 停转。（　　）

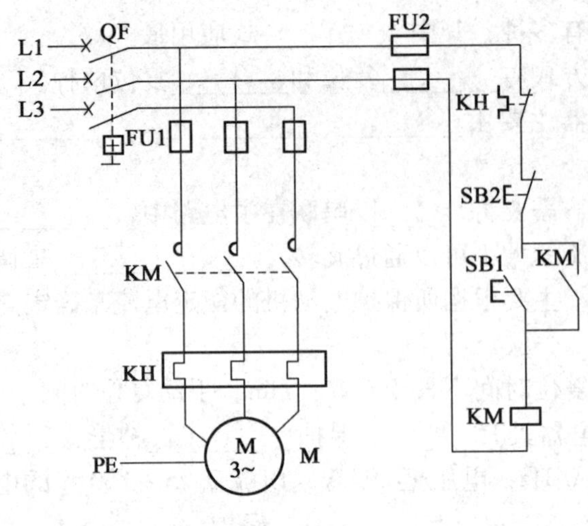

图 1－3

16. 根据电路图、布置图、接线图安装完毕的控制线路，不用自检交验，可以直接通电试运转。（ ）

17. 接触器自锁控制线路不但能使电动机连续运转，而且具有欠压和失压（或零压）保护作用。（ ）

18. 电压测量法和电阻测量法都要在线路断电情况下进行。（ ）

三、选择题（将正确答案的序号填在括号内）

1. 热继电器中主双金属片的弯曲主要是由于两种金属材料的（ ）不同。

A. 机械强度　　B. 导电能力　　C. 热膨胀系数

2. 一般情况下，热继电器中热元件的整定电流为电动机额定电流的（ ）倍。

A. 4～7　　B. 0.95～1.05　　C. 1.5～2

3. 如果热继电器出线端的连接导线过细，会导致热继电器（ ）。

A. 提前动作　　B. 滞后动作　　C. 过热烧毁

4. 热继电器主要用于电动机的（ ）。

A. 短路保护　　B. 过载保护　　C. 欠压保护

5. 三相笼型异步电动机的 $I_N = 10$ A，△形接法，用热继电器作过载及缺相保护时，热继电器热元件的额定电流应选择（ ）。

A. 11 A　　B. 16 A　　C. 20 A　　D. 25 A

6. 在具有过载保护的接触器自锁控制线路中，实现短路保护的电器是（ ）。

A. 熔断器　　B. 热继电器

C. 接触器　　D. 电源开关

7. 在具有过载保护的接触器自锁控制线路中，实现过载保护的电器是（ ）。

A. 熔断器　　B. 热继电器

C. 接触器　　D. 电源开关

8. 在具有过载保护的接触器自锁控制线路中，实现欠压和失压保护的电器是（ ）。

A. 熔断器　　B. 热继电器　　C. 接触器

9. 接触器的自锁触头是一对（ ）。

A. 辅助常开触头　　B. 辅助常闭触头　　C. 主触头

10. 在图 1－4 所示电路中，启动电动机 M 时应（　　）。

A. 合上 QF　　B. 先合上 QF 再按下 SB1

C. 先合上 QF 再按下 SB2

11. 在图 1－4 所示控制电路中，能实现正常的启动和停止的是图（　　）。

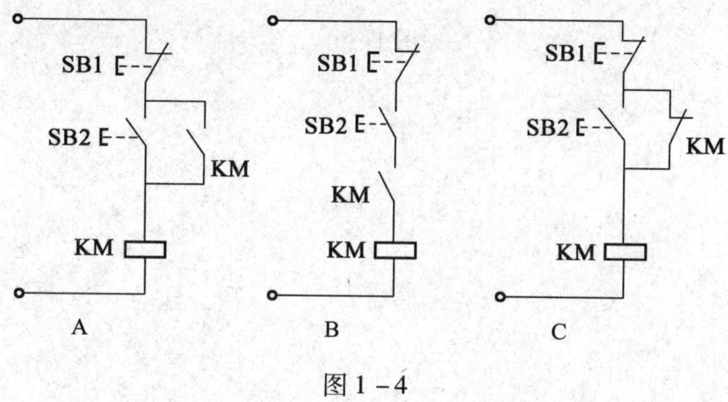

图 1－4

12. 在图 1－5 所示控制线路中，正常操作后会出现短路现象的是图（　　）。

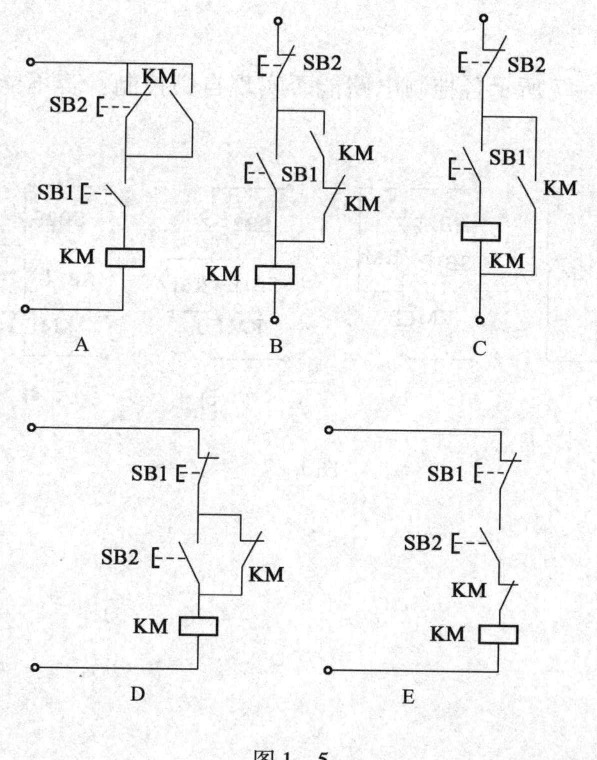

图 1－5

四、简答题

1. 什么是自锁控制？分析判断图 1－6 所示各控制线路能否实现自锁控制，若不能，线路将会出现什么现象？

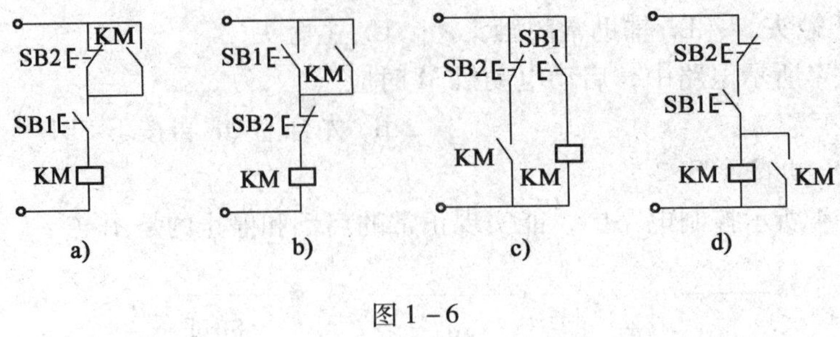

图 1－6

2. 分析并判断图 1－7 所示各控制电路能否实现自锁控制？若不能，电路将会出现什么现象？

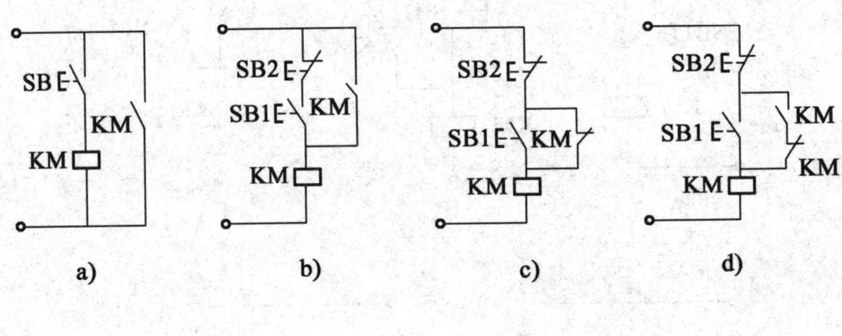

图 1－7

3. 分析并判断图 1－8 所示各控制电路能否实现自锁控制？若不能，线路将会出现什么现象？

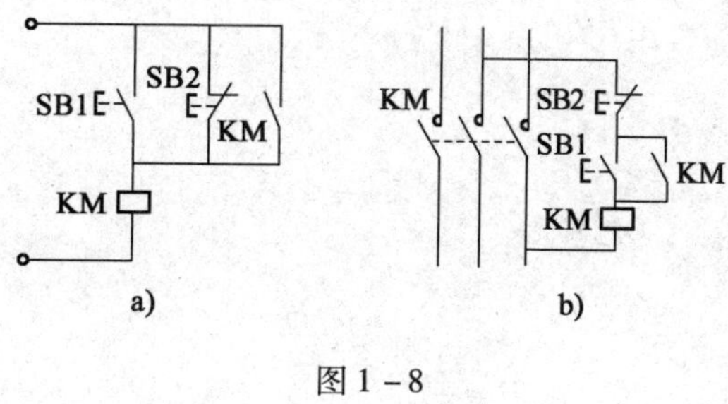

图 1－8

4. 什么是欠压保护？什么是失压保护？为什么说接触器自锁控制线路具有欠压和失压保护功能？

5. 什么是过载保护？为什么要对电动机采取过载保护措施？

6. 熔断器能否代替热继电器来实现对电动机的过载保护？为什么？

7. 什么是试验法？什么是逻辑分析法？

8. 热继电器是如何实现过载保护的？

9. 热继电器常见的故障现象有哪些？

10. 简述电动机基本控制线路故障检修的一般步骤和方法。

11. 如何选用热继电器?

12. 什么是热继电器的整定电流?能否调整?如何调整?

13. 分析图 1 -9 所示控制线路能否满足以下控制要求和保护要求。

(1) 能实现单向启动和停止。

(2) 具有短路、过载、欠压和失压保护功能。

若线路不能满足以上要求,试加以改正,说明改正的原因。

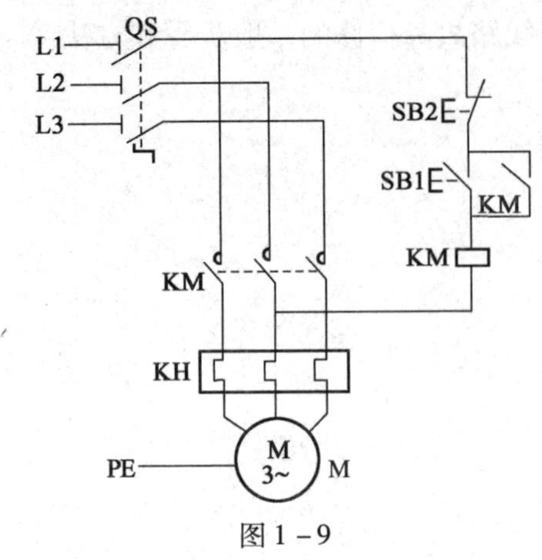

图1－9

五、计算题

某机床电动机的型号为 Y112M－4，定子绕组为△形接法，额定功率为 4 kW，额定电流为 8. 8 A，额定电压为 380 V，要对该电动机进行过载保护，写出应选用热继电器的型号和规格。

六、画图题

为某生产机械设计电动机的电气控制线路，要求能连续控制，并具有短路、过载、失压和欠压保护功能。

任务6　连续与点动混合正转控制线路的安装与维修

一、判断题（正确的打“√”，错误的打“×”）

1. 点动与连续混合控制是指点一下按钮就可以使电动机启动并连续运转的控制方法。（　）

2. 要使电动机获得点动调整工作状态，控制电路中的自锁回路必须断开。（　）

3. 图1－10a中，SA打开时，按下SB1，KM线圈得电，KM自锁触头断开，所以电动机M是点动控制的。（　）

4. 图1－10b中，按下SB1，可对电动机M实现点动控制；按下SB3，可对电动机M实现连续控制。（　）

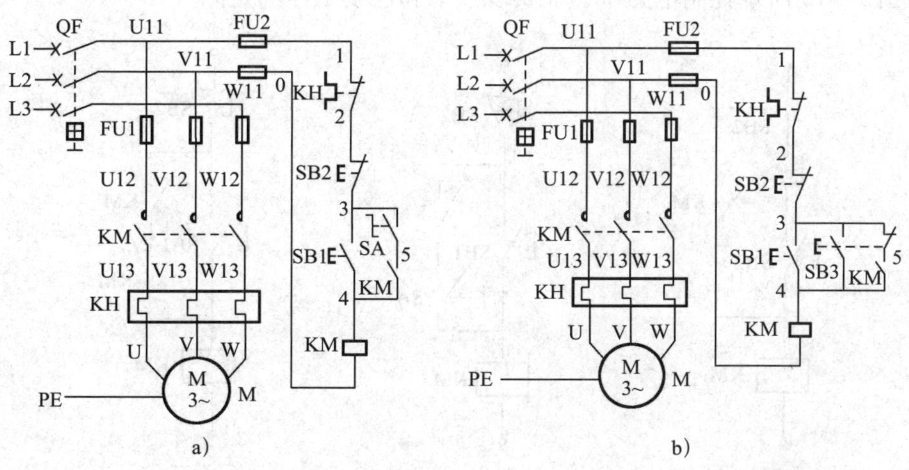

图1－10

二、选择题（将正确答案的序号填在括号内）

1. 在图 1－11 所示控制电路中，正常操作时会出现点动工作状态的是图（　　）。

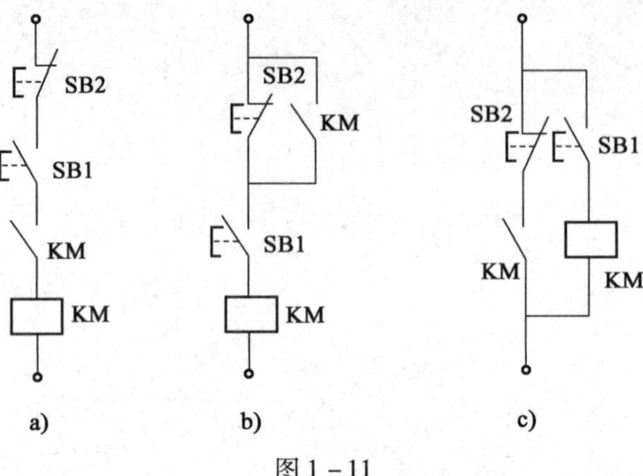

图 1－11

2. 在图 1－12 所示控制线路中，正常操作时 KM 无法得电动作的是图（　　）。

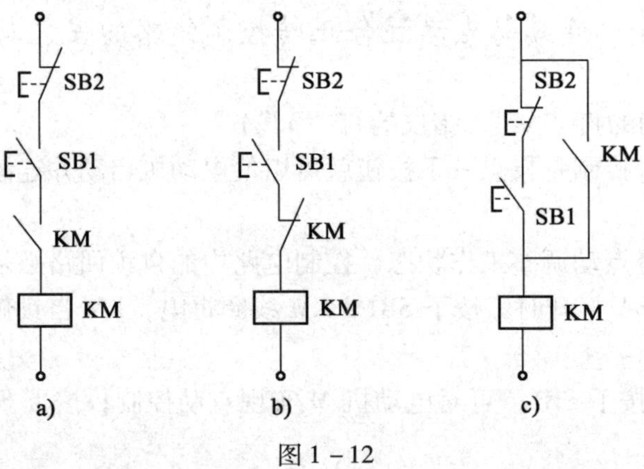

图 1－12

3. 在图 1－13 所示控制电路中，能实现点动和连续工作的是图（　　）。

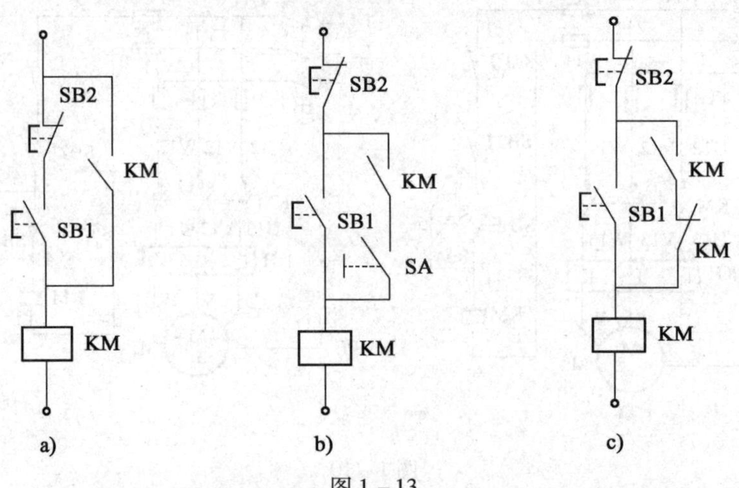

图 1－13

4. 在连续与点动混合正转控制线路中，点动控制按钮的常闭触头应与接触器自锁触头（　　）。

A. 串接　　B. 并接　　C. 串接或并接

三、画图题

为某生产机械设计电动机的电气控制线路，要求如下。

（1）既能点动控制又能连续控制。

（2）具有短路、过载、失压和欠压保护功能。

课题二　三相笼型异步电动机正反转控制线路的安装与维修

任务1　倒顺开关正反转控制线路的安装与维修

一、填空题（将正确的答案填写在横线上）

1. 生产机械运动部件在正、反两个方向运动时，一般要求电动机能实现__________控制。

2. 要使三相异步电动机反转，就必须改变通入电动机定子绕组的__________，把接入电动机三相电源进线中的任意______相的接线对调即可。

3. X62W 型万能铣床主轴电动机的正反转控制是用__________实现的。

4. 图 1－14 所示为倒顺开关正反转控制线路。当倒顺开关 QS 的手柄处于“停”位置时，QS 的动、静触头________，电动机不转；当手柄扳至“顺”位置时，QS 的动触头和左边的静触头相接触，输入电动机定子绕组的电源电压相序为__________，电动机______；当手柄扳至“倒”位置时，QS 的动触头和右边的静触头相接触，输入电动机定子绕组的电源电压相序变为＿＿＿＿＿＿＿，电动机＿＿＿＿。

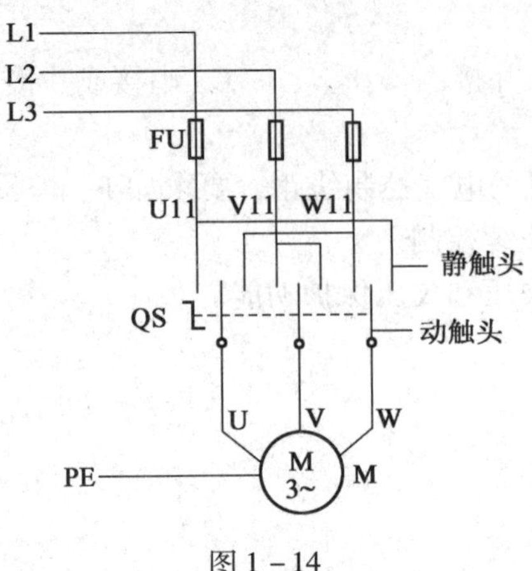

图 1－14

5. 倒顺开关正反转控制线路所用电器较＿＿，线路比较＿＿＿＿＿，但在频繁换向时，操作人员＿＿＿＿＿＿大，操作＿＿＿＿差，因此，这种线路一般用于控制额定电流＿＿A、功率＿＿＿kW 及以下的小容量电动机。

6. 倒顺开关在使用时，必须将接地线接到倒顺开关指定的＿＿＿＿上。

二、判断题（正确的打“√”，错误的打“×”）

1. 倒顺开关进出线接错易造成两相电源短路。（　）

2. 用倒顺开关控制电动机的正反转时，可以直接把手柄由“顺”扳至“倒”的位置，使电动机反转。（　）

三、简答题

1. 如何使电动机改变转向？

2. 用倒顺开关控制电动机正反转时，为什么不允许把手柄从“顺”的位置直接扳至“倒”的位置？

任务2　接触器联锁正反转控制线路的安装与维修

一、判断题（正确的打“√”，错误的打“×”）

1. 在接触器联锁正反转控制线路中，正反转接触器的主触头有时可以同时闭合。（　　）

2. 为了保证对三相异步电动机顺利实现反转控制，正反转接触器的主触头必须按相同的相序并接后串接在主电路中。（　　）

3. 在接触器正反转控制线路中，若正转接触器和反转接触器同时通电，会发生两相电源短路事故。（　　）

二、选择题（将正确答案的序号填在括号内）

1. 在接触器联锁正反转控制线路中，为避免两相电源短路事故，必须在正反转控制线路中分别串接（　　）。

A. 联锁触头　　　B. 自锁触头　　　C. 主触头

2. 在接触器联锁正反转控制线路中，其联锁触头应是对方接触器的（　　）。

A. 主触头　　　B. 辅助常开触头

C. 辅助常闭触头

3. 在操作接触器联锁正反转控制线路时，要使电动机从正转变为反转，正确的操作方法是（　　）。

A. 直接按下反转启动按钮

B. 直接按下正转启动按钮

C. 必须先按下停止按钮，再按下反转启动按钮

三、简答题

1. 分析并判断图1－15所示主电路或控制电路能否实现正反转控制，若不能，说明原因。

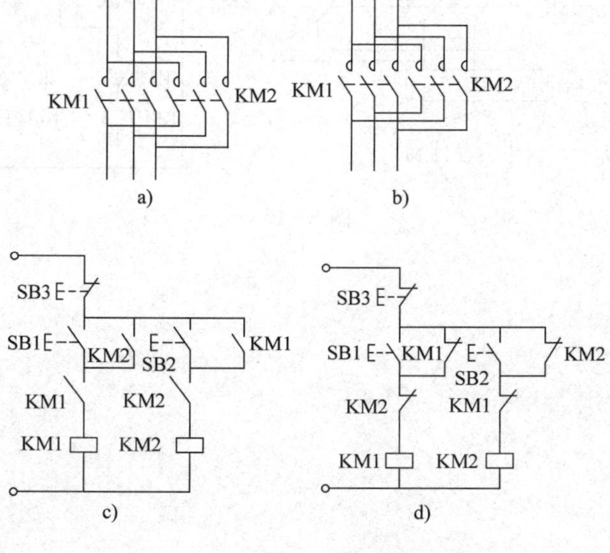

图1－15

2. 在接触器联锁正反转控制线路中，两个接触器主触头怎样接线才能实现电动机正反转控制？两个接触器能否同时得电闭合？为什么？

3. 图 1－16 所示为电动机正反转控制电路图，检查图中哪些地方画错了，试加以改正，并说明改正的原因。

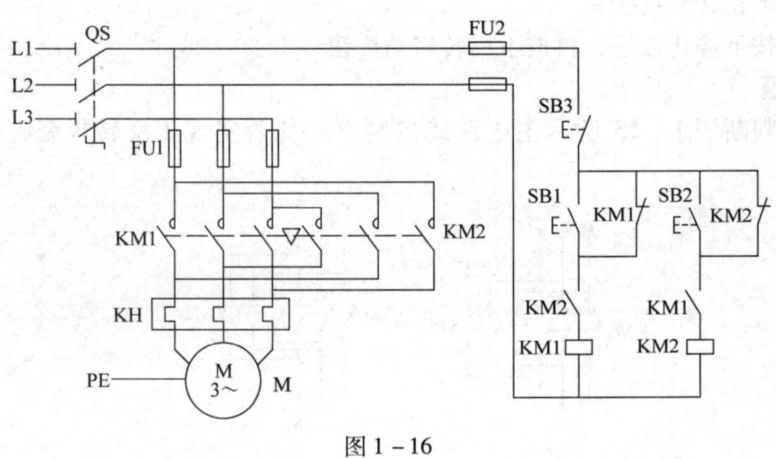

图 1－16

任务3　按钮和接触器双重联锁正反转控制线路的安装与维修

一、填空题（将正确的答案填写在横线上）

1. 接触器联锁正反转控制线路的优点是________________，缺点是______________。

2. 按钮和接触器双重联锁正反转控制线路的优点是______________，______________。

二、选择题（将正确答案的序号填在括号内）

1. 在按钮和接触器双重联锁正反转控制线路中，双重联锁是由复合按钮的（　　）和接触器的辅助常闭触头实现的。

A. 常开触头　　　B. 常闭触头　　　C. 常开触头、常闭触头

2. 在操作按钮和接触器双重联锁正反转控制线路时，要使电动机从正转变为反转，正确的操作方法是（　　）。

A. 直接按下反转启动按钮

B. 直接按下正转启动按钮

C. 必须先按下停止按钮，再按下反转启动按钮

三、简答题

1. 图1－17所示控制线路只能实现电动机的单向启动和停止。用接触器和按钮在图中画出使电动机反转的控制电路图，并使线路具有接触器联锁保护功能。

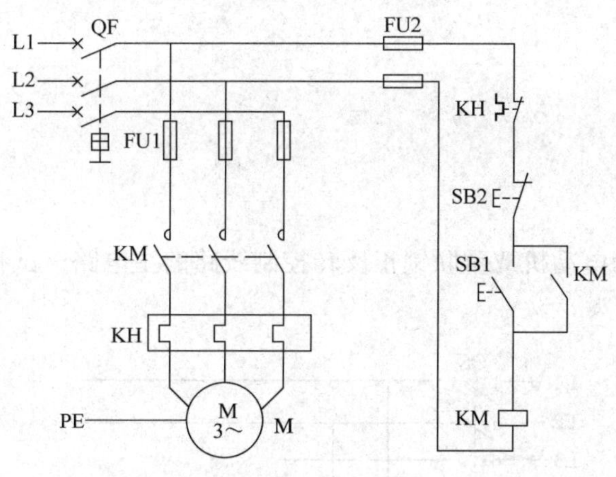

图1－17

2. 什么是联锁控制？在电动机正反转控制线路中为什么必须有联锁控制？图1－18所示控制电路中哪些电气元件起联锁作用？各控制电路有什么优缺点？

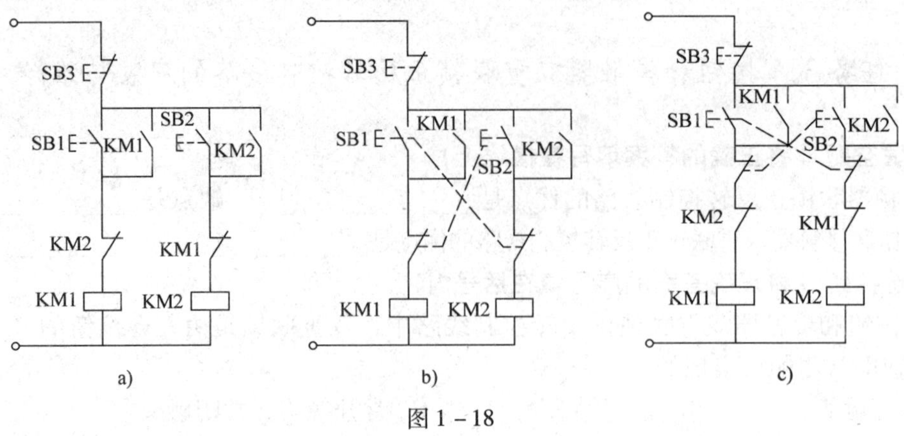

图 1－18

3. 画出点动双重联锁正反转控制线路的电路图。

4. 图 1－19 所示为电动机双重联锁正反转控制线路的主电路，试补画出控制电路图，并指出自锁触头和联锁触头。

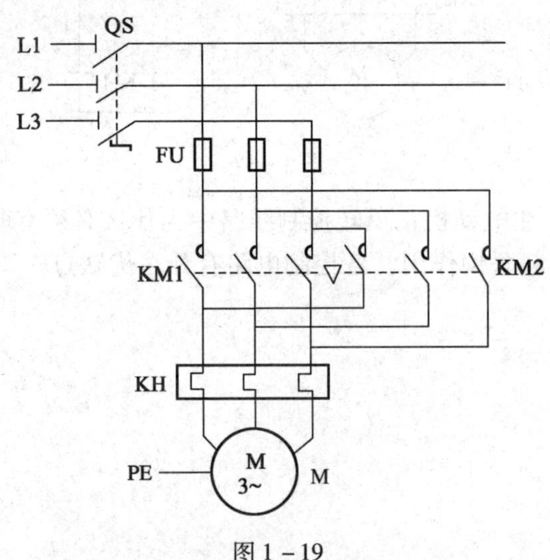

图 1－19

5. 某车床有两台电动机，一台是主轴电动机，要求能正反转控制；另一台是冷却泵电动机，只要求正转控制；两台电动机都要求有短路、过载、欠压和失压保护，试设计并画出满足要求的电路图。

课题三　三相笼型异步电动机位置控制和自动往返控制线路的安装与维修

任务1　位置控制线路的安装与维修

一、填空题（将正确的答案填写在横线上）

1. 行程开关主要用于控制生产机械的运动______、________、________大小或位置，是一种自动控制电器。

2. 机床中常用的行程开关有________和________等系列，各系列行程开关的基本结构大体相同，都是由__________、__________和________组成的。

3. 以某种行程开关元件为基础，装置不同的__________，就可以得到各种不同形式的行程开关，常见的有____________和____________。

4. 行程开关的动作方式可分为________、________和__________三种。动作后的复位方式有________复位和__________复位两种。

5. 行程开关主要根据__________、__________及____________来选择。

6. 位置控制又称________________或______________。

7. 工厂车间里的行车常采用_________控制线路，行车的两端终点处各安装一个_________，其__________分别串接在正反转控制线路中。移动行程开关的安装位置可以调节行车的________和__________。

8. 在控制板上安装走线槽时，应做到__________、排列________、安装______和便于________等。

9. 进行板前线槽配线时，如果导线的截面积大于或等于0.5 mm^2，必须采用______；如果导线的截面积小于0.5 mm^2 且用于不移动又无振动的场合，可以采用________。

10. 布线时，严禁损伤导线________和________。

11. 从各电气元件水平中心线以上接线端子引出的导线，必须进入元件______面的走线槽；从元件水平中心线以下接线端子引出的导线，必须进入元件______面的走线槽。任何导线都不允许从______方向进入走线槽。

12. 进入走线槽的导线要完全置于________内，并应尽可能避免______。装入走线槽内的导线不要超过其容量的________，以便于盖上线槽盖和日后的装配及维修。

13. 在任何情况下，接线端子都必须与导线__________和__________相适应。

14. 实现位置控制所依靠的主要电器是______________。

二、选择题（将正确答案的序号填在括号内）

1. 行程开关的触头动作是通过（　　）来实现的。

A. 手指的按压

B. 生产机械运动部件的碰压

C. 手指的按压或生产机械运动部件的碰压

2. 双轮旋转式行程开关为（　　）。

A. 非自动复位式　　　　B. 自动复位式

C. 自动或非自动复位式

三、简答题

1. 什么是位置控制？某工厂车间需用一行车，要求按图 1－20 所示的示意图运动。试画出满足要求的控制线路的电路图。

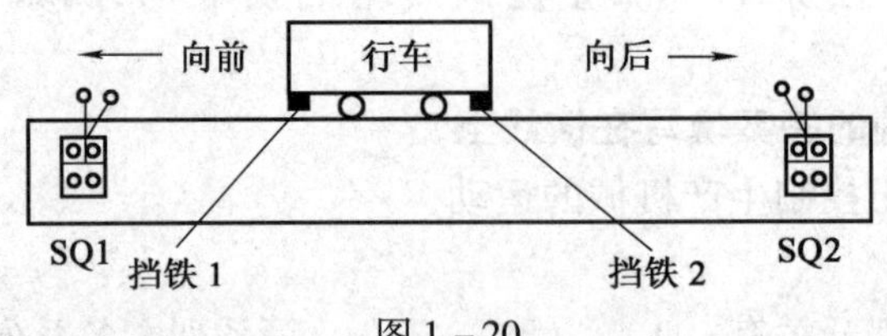

图 1－20

2. 当生产机械运动部件上的挡铁碰撞行程开关后，发现其触头不动作，此故障可能是由什么原因造成的?

3. 安装和使用行程开关应注意哪些问题?

任务2　自动往返控制线路的安装与维修

一、填空题（将正确的答案填写在横线上）

1. 在生产过程中，若要限制生产机械运动部件的行程、位置或使其运动部件在一定的范围内自动往返循环，应在需要的位置安装____________。

2. 要使生产机械的运动部件在一定的行程内自动往返运动，就必须依靠________对电动机实现__________正反转控制。

二、判断题（正确的打“√”，错误的打“×”）

1. 行程开关与按钮相似，也是用手指来发出控制指令的主令电器。　　（　　）

2. 根据图 1－21 判断下列各表述的正误。

（1）该控制线路是具有双重联锁的自动可逆运转的控制线路。（　　）

（2）若同时按下 SB1、SB2，电路会出现短路。（　　）

（3）接触器得电，电动机 M 反转工作时，若轻按一下 SB1，电动机 M 将停转。（　　）

（4）实现电动机自动逆转的电器是 SQ1、SQ2。（　　）

（5）电器 SQ3、SQ4 主要用于终端超程保护。（　　）

（6）该控制线路能实现自动可逆运转，按钮 SB1、SB2 是多余的。（　　）

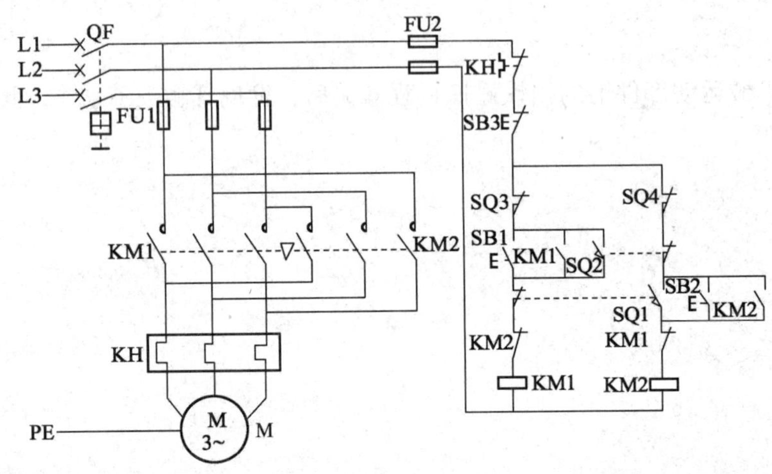

图 1－21

三、简答题

1. 分析图 1－22 所示控制线路，回答下列问题。

（1）该线路能实现几种控制方式？

（2）线路中有什么保护？各由什么电器实现？

（3）说明 SA 和 SQ1 的作用。

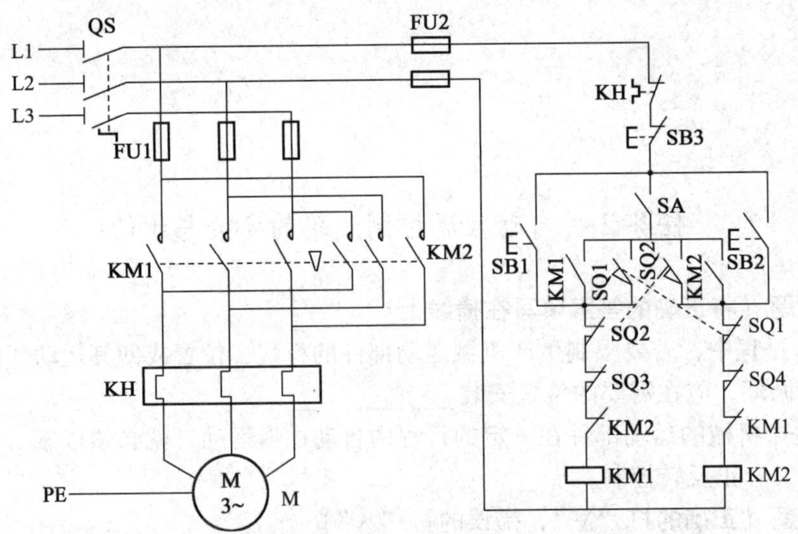

图 1－22

2. 若使图 1－22 中的行车启动后能自动往返运动，其控制线路应如何设计？

3. 图 1－23 所示为工作台自动往返行程控制线路的主电路和运动示意图，补画出控制电路图，并说明四个行程开关的作用。

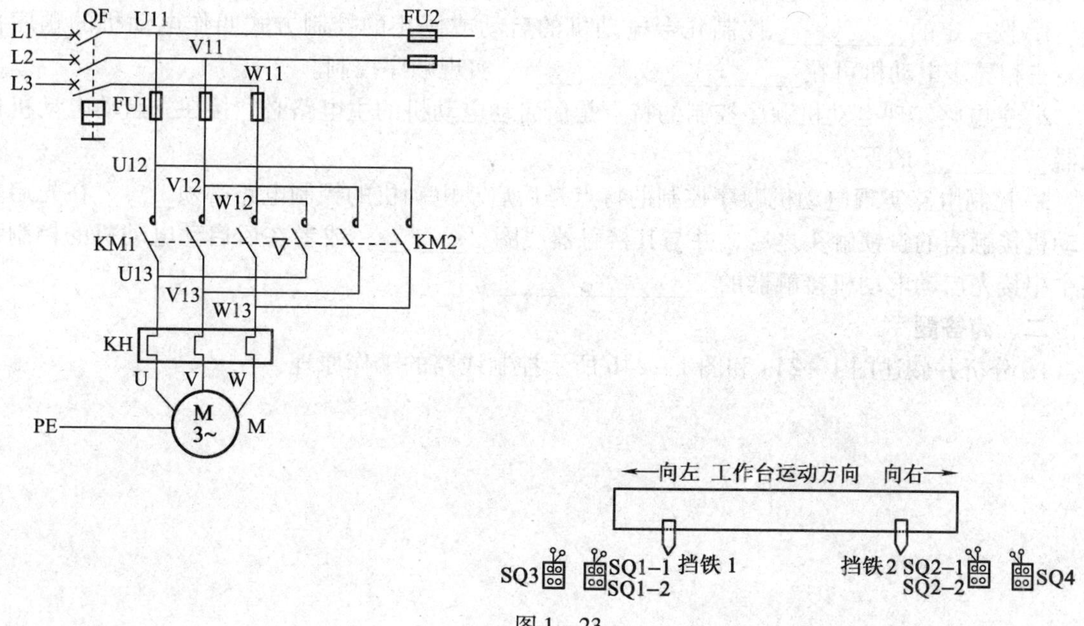

图 1－23

4. 在安装合格的工作台自动往返控制线路板上，根据下表人为设置电气自然故障点，通电并观察故障现象，把故障现象填入表1－2。

表1－2

故障设置元件	故障点	故障现象
SQ1	常闭触头接触不良	
SQ2	常开触头接触不良	
KM1	自锁触头接触不良	
KM2	联锁触头接触不良	

课题四　三相笼型异步电动机顺序控制和多地控制线路的安装与维修

任务1　顺序控制线路的安装与维修

一、填空题（将正确的答案填写在横线上）

1. 按一定的＿＿＿＿＿控制几台电动机的启动或停止的控制方式叫作电动机的顺序控制。三相异步电动机可在＿＿＿＿＿或＿＿＿＿＿实现顺序控制。

2. 主电路实现电动机顺序控制的特点是后启动电动机的主电路必须接在先启动电动机接触器＿＿＿＿＿的下方。

3. 控制电路实现电动机顺序控制的特点是后启动电动机的控制电路必须＿＿＿在先启动电动机接触器的自锁触头之后，并与其接触器线圈＿＿＿＿；或者在后启动电动机的控制线路中串接先启动电动机接触器的＿＿＿＿＿＿＿＿。

二、简答题

1. 分析并叙述图1－24a和图1－24b所示控制线路的工作原理。

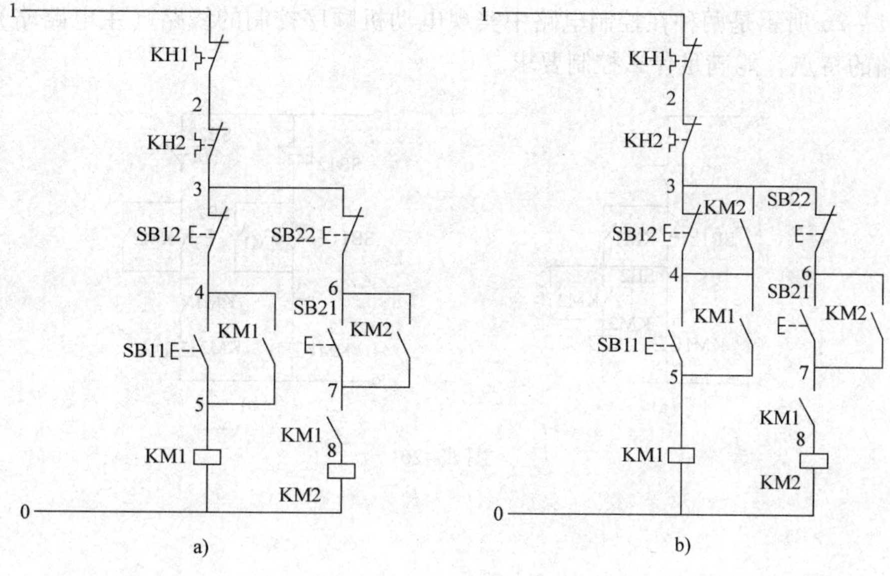

图 1－24

2. 分析图 1－25 所示控制线路的工作原理，并说明该线路属于哪种顺序控制线路。

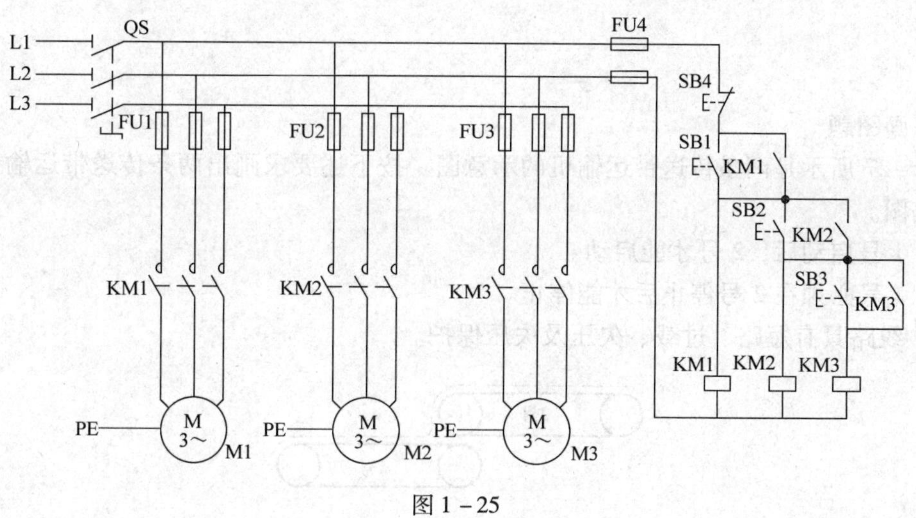

图 1－25

3. 图 1－26 所示是两种在控制电路中实现电动机顺序控制的线路（主电路略），分析并说明各线路的特点，能满足什么控制要求。

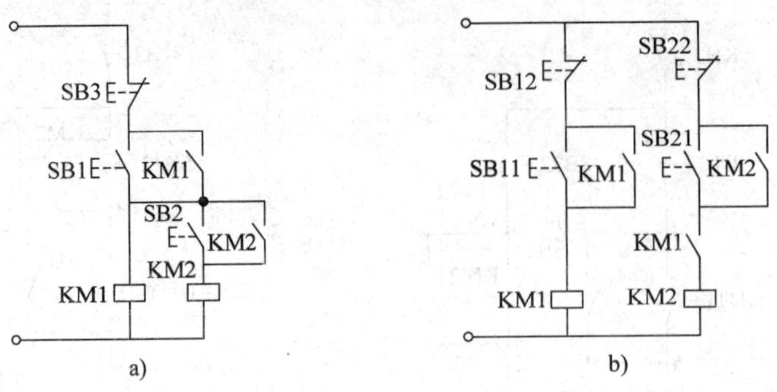

图 1－26

三、画图题

图 1－27 所示是两条传送带运输机的示意图。按下述要求画出两条传送带运输机的控制线路电路图。

（1）1 号启动后，2 号才能启动。

（2）1 号必须在 2 号停止后才能停止。

（3）线路具有短路、过载、欠压及失压保护。

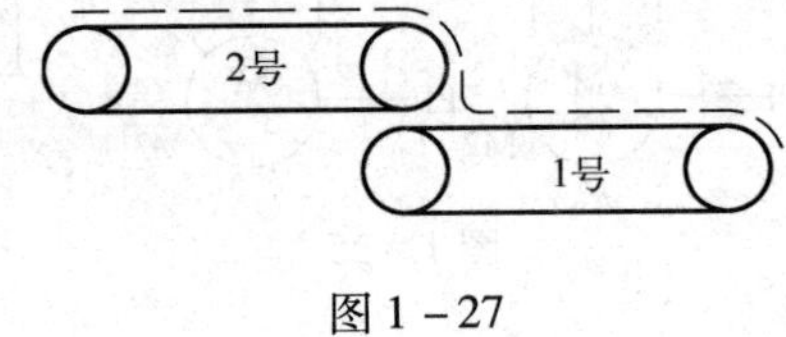

图 1－27

任务2　多地控制线路的安装与维修

一、填空题（将正确的答案填写在横线上）

1. 能在____________或____________控制同一台电动机的控制方式叫作电动机的多地控制。

2. 多地控制线路的接线特点是各地的启动按钮要____________，停止按钮要____________。

二、画图题

1. 画出能在两地对同一台电动机进行正反转点动控制的电路图。

2. 画出能在三地控制同一台电动机正转点动控制的电路图。

课题五　三相笼型异步电动机降压启动控制线路的安装与维修

任务1　自耦变压器降压启动控制线路的安装与维修

一、填空题（将正确的答案填写在横线上）

1. 电动机启动时，加在电动机定子绕组上的电压为电动机的______电压，属于全压启动，也称为直接启动。

2. 通常规定电源容量在____kV · A 以上，电动机容量在____kW 以下的三相异步电动机可采用直接启动。

3. 判断一台电动机能否直接启动的经验公式是______________________。

4. 降压启动是指利用启动设备将______适当降低后，加到电动机的定子绕组上进行启动，待电动机启动运转后，再使其________恢复到____________正常运转。降压启动的目的是__________________。

5. 常见的降压启动方法有________________________降压启动、__________降压启动、____________降压启动和__________________降压启动等。

6. 时间继电器自得到动作信号起至触头动作有一定的____________，因此广泛用于需要按__________顺序进行自动控制的电气线路中。

7. 时间继电器的种类很多，常用的主要有____________、__________、____________、____________等类型，目前在电力拖动控制线路中，应用较多的是________________和______________时间继电器。

8. 空气阻尼式时间继电器又称为_________时间继电器，主要由_________、___________和____________三部分组成。

9. JS7 – A 系列空气阻尼式时间继电器根据触头延时的特点，可分为________________和______________________两种。

10. JS7 – A 系列空气阻尼式时间继电器的延时范围有________s 和________s 两种。

11. 晶体管式时间继电器又称为_________时间继电器或________时间继电器，按结构分为_________和_______两类，按延时方式分为____________、____________和____________、____________等延时类型。

12. 选用时间继电器时，应根据系统的______________和________选择时间继电器的类型和系列，根据控制线路的要求选择时间继电器的________，根据控制线路的电压选择时间继电器____________的电压。

13. 中间继电器是用来增加控制电路中的__________或将__________的继电器，其输入信号是________的通电和断电，输出信号是______________。

14. 中间继电器又称________式继电器，其触头对数____，且没有__________之分，各对触头允许通过的电流大小相同，多数为______A。

15. 中间继电器主要依据被控制电路的____________、所需____________、_________、________等要求来选择。

16. 定子绕组串接电阻降压启动是在电动机启动时，把__________串接在电动机定子绕组与电源之间，通过________的分压作用来降低定子绕组上的启动电压，待电动机启动后，再将______短接，使电动机在____________下正常运行。

17. 自耦变压器降压启动是指在电动机启动时，利用____________来降低加在电动机定子绕组上的启动电压，待电动机启动后，再使电动机与__________脱离，从而在____下正常运行。

18. 利用自耦变压器进行降压的启动装置称为______________________，其产品有________和_________两种。

19. 常用的手动自耦减压启动器有________系列油浸式和______系列空气式两种。XJ01系列自耦减压启动箱是________控制设备。

20. QJD3系列油浸式手动自耦减压启动器主要由薄钢板制成的防护式__________、___________、___________、_________及__________五个部分组成，具有________和________保护功能。

21. XJ01系列自耦减压启动箱是由___________、___________、___________、热继电器、___________和按钮等电气元件组成的。

22. 三相异步电动机直接启动时的启动电流一般为额定电流的______倍，它会造成电源输出电压的大幅度________。

二、判断题（正确的打“√”，错误的打“×”）

1. 由于直接启动所用电气设备少，线路简单，维修量较小，所以电动机一般采用直接启动。（　）

2. 由于降压启动将导致电动机的启动转矩大为降低，所以降压启动需要在空载或轻载下进行。（　）

3. 时间继电器金属底板上的接地螺钉必须与接地线可靠连接。（　）

4. JS7－A系列断电延时型时间继电器和通电延时型时间继电器的组成元件是通用的。（　）

5. 一般情况下，继电器不直接控制电流较大的主电路，而是通过控制接触器或其他电器的线圈，来实现对主电路的控制。（　）

6. 在电气控制线路中，可以用中间继电器代替接触器来控制，所以中间继电器的触头上面需要装设灭弧装置。（　）

7. JZ7－44型中间继电器有4对常开触头、4对常闭触头。（　）

8. 对工作电流小于5 A的电气控制线路，可以用中间继电器代替交流接触器来控制。（　）

9. 继电器的触头上面都需要装设灭弧装置。（　）

10. 继电器与接触器相比，继电器触头的分断能力很小，一般不设灭弧装置。（　）

11. 在安装定子绕组串接电阻降压启动控制线路时，电阻器产生的热量对其他电器无任何影响，故安装时不需要采用任何防护措施。（　）

12. 在图1－28所示线路中，电动机做全压运转时，只有KM2得电。（　）

13. 在图1－28所示线路中，要手动操作电动机串电阻降压启动，将SA的手柄置于图中

“1”位置后，按下 SB3，KM2 得电即可。（ ）

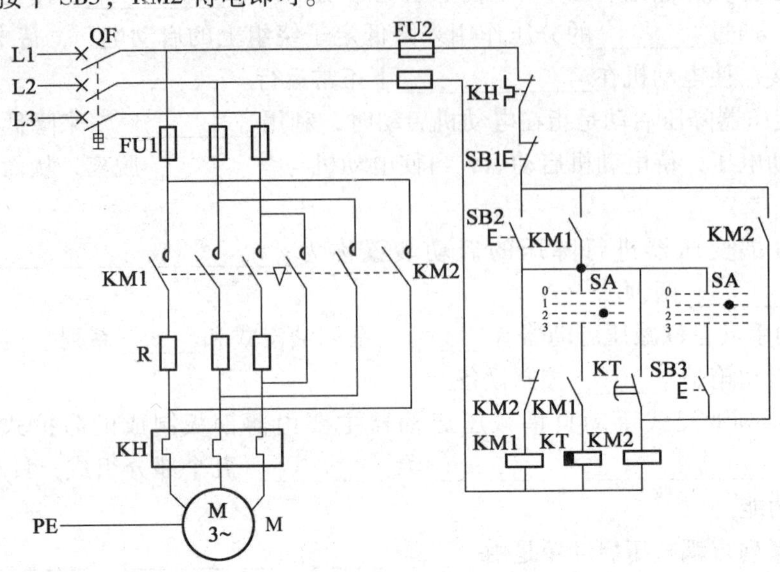

图 1 – 28

三、选择题（将正确答案的序号填在括号内）

1. 空气阻尼式时间继电器调节延时的方法是（ ）。

A. 调节释放弹簧的松紧　　B. 调节铁芯与衔铁间的气隙长度

C. 调节进气孔的大小

2. 利用电磁原理或机械动作原理实现触头延时闭合或分断的自动控制电器是（ ）。

A. 电压继电器　　B. 时间继电器

C. 电流继电器　　D. 速度继电器

3. 将 JS7 – A 系列通电延时型时间继电器的电磁机构旋出固定螺钉后反转（ ）安装，即可得到断电延时型时间继电器。

A. 360°　　B. 180°　　C. 90°　　D. 60°

4. 无论是通电延时型时间继电器还是断电延时型时间继电器，在安装时都必须使继电器在断电后衔铁释放时的运动方向垂直向下，其倾斜度不得超过（ ）。

A. 15°　　B. 10°　　C. 5°　　D. 2°

5. 当其他电器的触头数或触点容量不够时，可借助（ ）作中间转换，以控制多个元件或回路。

A. 热继电器　　B. 电压继电器

C. 中间继电器　　D. 电流继电器

6. QJD3 系列油浸式手动自耦减压启动器适用于一般工业用交流 50 Hz 或 60 Hz，电压 380 V，功率（ ）的三相笼型异步电动机，用于不频繁降压启动和停止。

A. 10 ~ 30 kW　　B. 10 ~ 75 kW　　C. 14 ~ 300 kW

7. XJ01 系列自耦减压启动箱广泛用于交流 50 Hz，电压 380 V，功率（ ）的三相笼型异步电动机的降压启动。

A. 10 ~ 30 kW　　B. 10 ~ 75 kW　　C. 14 ~ 300 kW

四、简答题

1. 写出以下符号所表示的时间继电器元件名称。

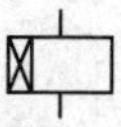

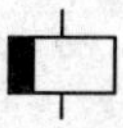

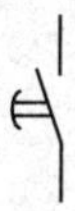

________　________　________

________　________　________

________　________

2. 中间继电器与交流接触器有哪些异同?

3. 图 1－29 所示为定子绕组串接电阻降压启动的两个主电路，分析两个主电路的接线有何不同，在启动和工作过程中有何区别。

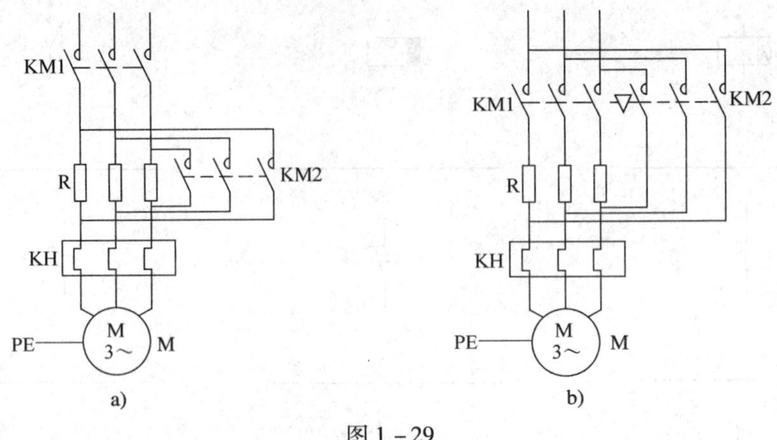

图 1－29

4. 分析图 1－30 所示控制线路能否正常实现串电阻降压启动，若不能，说明原因并加以改进。

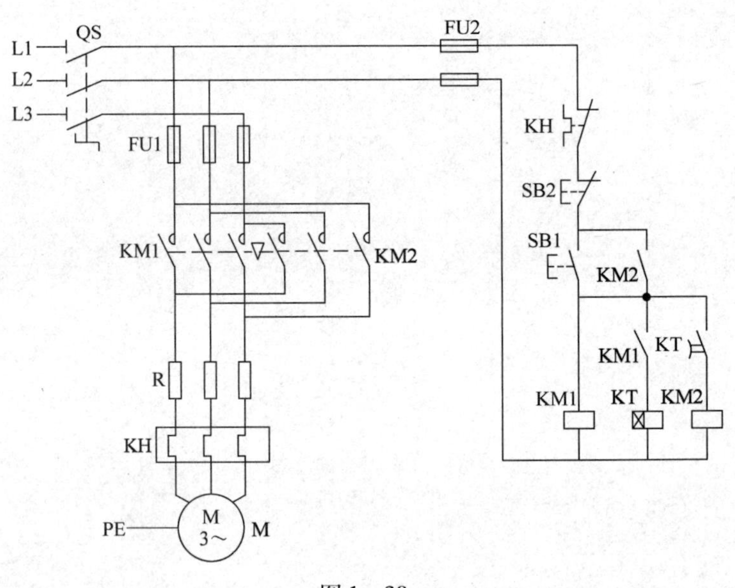

图 1－30

5. 某台三相笼型异步电动机，功率为22 kW，电流为44.3 A，电压为380 V，各相应串联多大的启动电阻进行降压启动？

6. 分析并简述图1－31所示控制线路的工作原理，说明该线路的优点。

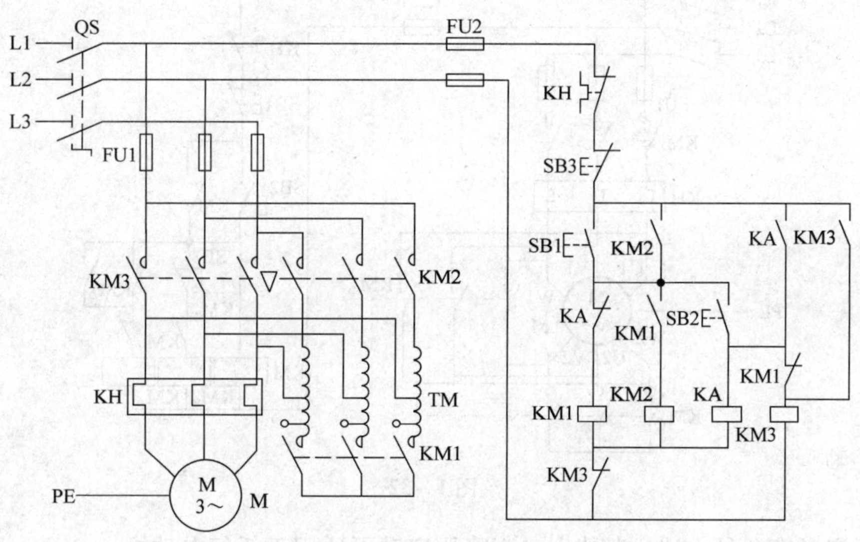

图1－31

任务2　Y－△降压启动控制线路的安装与维修

一、填空题（将正确的答案填写在横线上）

1. Y－△降压启动是指电动机启动时，把定子绕组接成____形降压启动，待电动机转速上升并接近额定值时，再将电动机定子绕组改接成______形全压正常运行。

2. 异步电动机作 Y－△降压启动时，每相定子绕组上的启动电压是正常工作电压的______倍，启动电流是正常工作电流的______倍，启动转矩是正常工作转矩的______倍。

二、判断题（正确的打"√"，错误的打"×"）

1. 凡是在正常运行时定子绕组做△形连接的异步电动机，均可采用 Y－△降压启动。（　　）

2. 采用 Y－△降压启动的电动机需要有 6 个出线端。（　　）

3. 图 1－32 所示线路中，先按下 SB3 时，电动机将做△形连接并直接启动。（　　）

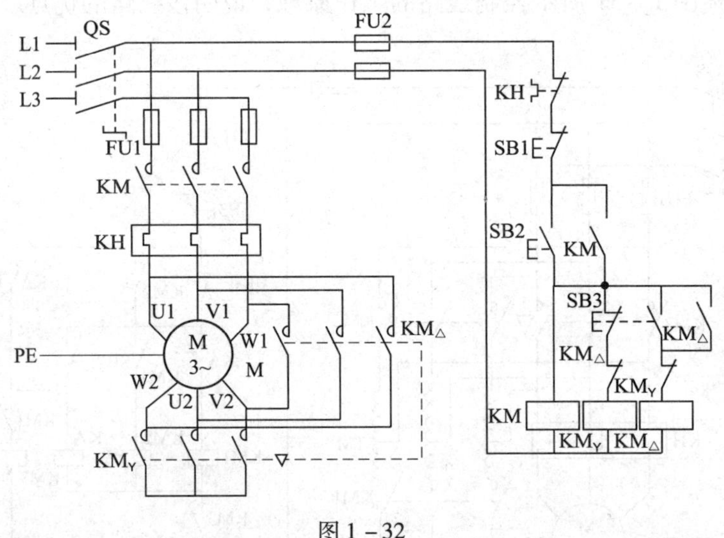

图 1－32

4. 降压启动有几种方法，其中 Y－△降压启动可适用于任何电动机。（　　）

三、选择题（将正确答案的序号填在括号内）

1. 在图 1－33 所示线路中，电动机做 Y 形连接时，处于通电状态的线圈是（　　）。

A. KM、KT、KM_Y　　B. KM、KT

C. KM、KM_Y

2. 在图 1－33 所示线路中，若 KM_Y 线圈断线，按下 SB1 后，电动机处于（　　）工作状态。

A. 不转　　B. 直接接成△形启动运转

C. 开始不转，后接成△形启动运转

3. 在图 1－33 所示线路中，按下 SB1 后，电动机做 Y 形连接并一直运转的原因是（　　）。

A. $KM_\triangle$ 线圈断线　　B. KT 线圈断线

C. KM_Y 线圈断线

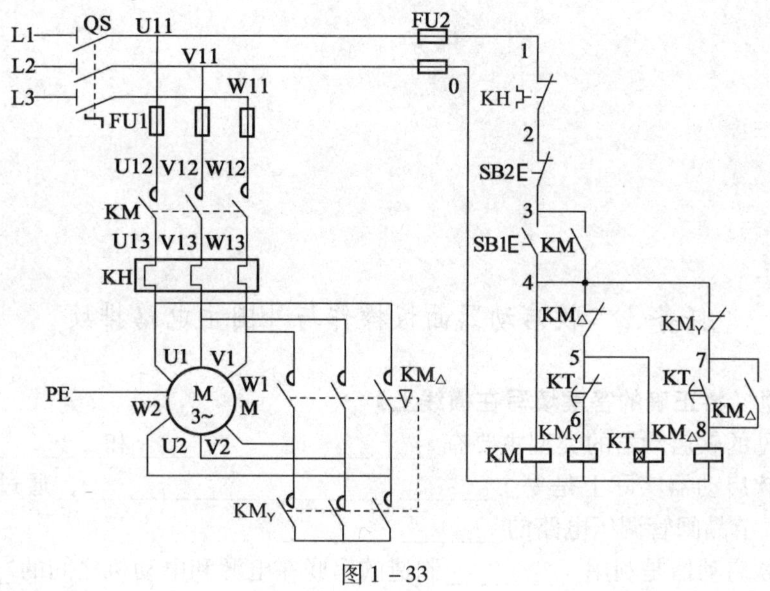

图 1－33

四、简答题

图 1－34 所示为用按钮、接触器控制的 Y－△降压启动控制线路的电路图。分析并说明该线路能否正常工作。若不能，试加以改正，并说明电器 KM、KM_Y、$KM_\triangle$、KH 的作用。

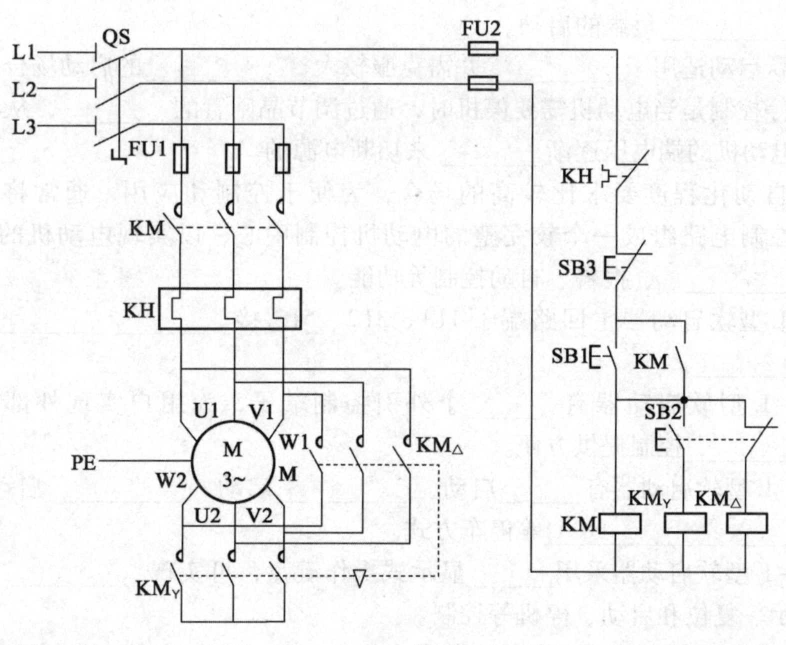

图 1－34

任务3　软启动器面板操作与外围主电路排故

一、填空题（将正确的答案填写在横线上）

1. 目前常见的软启动器的类型主要有__________、__________和________________等。

2. 电子式软启动器实际上是一个______________________________，通过改变晶闸管的__________来调节晶闸管调压电路的________________。

3. 磁控式软启动器是利用__________制造的串联在电源和电动机之间的______________构成的软启动装置。

4. 不论是晶闸管式软启动器，还是磁控式软启动器，在启动时都只能调节__________，以达到控制启动时的电压降、限制______________的目的。

5. 斜坡恒流升压启动是在晶闸管的移相电路中引入电动机电流反馈，使电动机在启动过程中保持__________，使启动平稳。这种软启动方式是应用最多的启动方法，尤其适用于__________、__________负载的启动。

6. 脉冲阶跃启动适用于__________并需克服较大____________的启动场合。

7. 减速软停控制是当电动机需要停机时，通过调节晶闸管的________，从全导通状态逐渐地减小，使电动机的端电压逐渐________来切断电源的。

8. 在工业自动化程度要求比较高的场合，为便于控制和应用，通常将__________、__________和控制电路组成一个较完整的电动机控制中心，以实现电动机的__________、__________、__________、报警、自动控制等功能。

9. CMC－L型软启动器主回路端子1L1、3L2、5L3接_________________，2T1、4T2、6T3接______________。

10. CMC－L型软启动器有______个外引控制端子，为用户实现外部______控制、______控制及________控制提供方便。

11. CMC－L型软启动器有______启动、__________启动、__________启动等启动方式；有______________、______________等停车方式。

12. CMC－L型软启动器采用______显示式操作键盘，可实现__________、______、修改以及故障显示、复位和启动、停机等控制。

13. 当CMC－L型软启动器通电后，即进入__________准备状态，键盘显示__________，此时按_____键进入编程状态。编程状态下软启动可进行__________和__________两种操作，当显示参数前两位处于闪烁状态时是________状态，后两位处于闪烁状态时是________状态。

14. CMC－L型软启动器参数显示有四位，前两位是__________，后两位是__________。

15. 当CMC－L型软启动器________功能动作时，软启动器立即________，显示屏显示当前________，显示 Err3 表示机器处于______状态，后缀数字表示____________，其中数字 1 表示__________________，数字 2 表示______________，数字 3 表示______________。

二、判断题（正确的打“√”，错误的打“×”）

1. 软启动器是一个晶闸管交流调压器，通过改变晶闸管的触发角，即可调节晶闸管调压电路的输出电压。（　）

2. 减速软停控制和传统的停机控制方式一样，都是通过瞬间断电完成停机动作的。（　）

3. 一台软启动器只能对一台电动机进行软启动。（　）

4. 软启动器在电动机达到正常运行速度之后可以关闭。（　）

5. CMC－L 型软启动器故障具有记忆性，故在排除故障后，通过按 STOP 键（长按 4 s 以上）进行复位，使软启动器恢复到启动准备状态。（　）

三、选择题（将正确答案的序号填在括号内）

1. 自动液体电阻式软启动器适用于（　）的重载平滑软启动。

A. 三相笼型交流异步电动机　B. 三相绕线型交流异步电动机

C. 三相同步电动机　D. 直流电动机

2. CMC－L 型软启动器处于参数阅览状态时，按（　）键进行参数阅览。

A. 确认（—）　B. 增减（∧或∨）

C. 退出（C）

3. CMC－L 型软启动器处于参数阅览状态时，按（　）键进入参数设定状态。

A. 确认（—）　B. 增减（∧或∨）

C. 退出（C）

4. CMC－L 型软启动器处于参数阅览状态时，进入参数设定状态后，按（　）键进行参数设定及修改。

A. 确认（—）　B. 增减（∧或∨）

C. 退出（C）

5. CMC－L 型软启动器处于参数阅览状态时，按（　）键退出本级菜单并返回上一级菜单。

A. 确认（—）　B. 增减（∧或∨）

C. 退出（C）

四、简答题

1. 简述电子式软启动器的工作原理。

2. 简述磁控式软启动器的工作原理。

3. 简述自动液体电阻式软启动器的工作原理。

4. 写出 CMC 系列软启动器型号的含义。

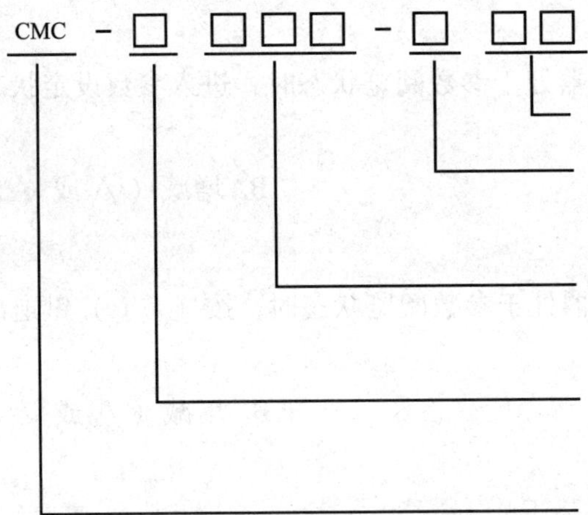

5. 标出 CMC－L 型软启动器面板各按键的名称（图 1－35），并说明各按键的功能。

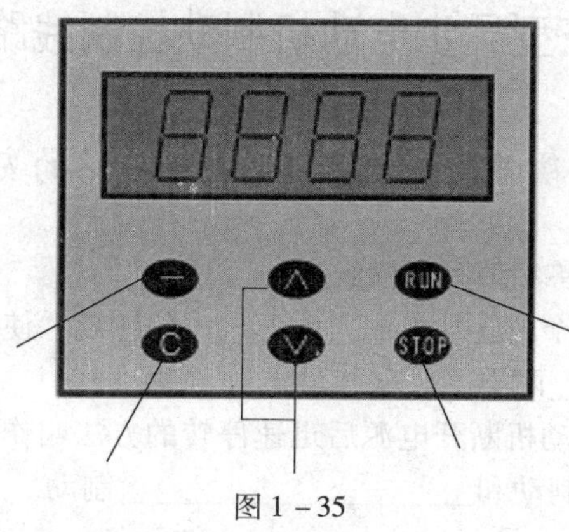

图 1－35

6. 根据 CMC－L 型软启动器面板的显示符号填写表 1－3。

表 1－3

序号	显示符号	状态说明	备注
1	STOP		
2	P020		
3	AUA┐		
4	AUA‾		
5	AUA┘		
6	Err1		

7. 如何对 CMC－L 型软启动器进行日常维护？

课题六　三相笼型异步电动机制动控制线路的安装与维修

任务1　电磁抱闸制动器制动控制线路的安装与维修

一、填空题（将正确的答案填写在横线上）

1. 制动是指给电动机一个与转动方向__________的转矩，使它迅速停转。制动的方法一般有__________和__________两类。

2. 利用__________使电动机断开电源后迅速停转的方法叫作机械制动。机械制动常用的方法有__________________制动和____________________制动。

3. 制动电磁铁主要由__________、__________和__________三部分组成。

4. 闸瓦制动器包括__________、__________、__________和__________等部分。

5. MZD1 系列____________________与 TJ2 系列____________________配合使用共同组成电磁抱闸制动器，分为__________制动型和__________制动型两种。

6. 断电制动型电磁抱闸制动器被广泛应用在__________上。其优点是能够__________，同时可防止电动机突然断电时重物的__________；缺点是__________。

7. 安装电磁抱闸制动器时，要保证电动机轴伸出端上的制动闸轮与闸瓦制动器的抱闸机构在__________上，而且轴心要__________。

8. 安装电磁抱闸制动器后，必须在切断电源的情况下先进行__________，再在通电试运转时进行__________。

9. 电磁离合器是利用动、静摩擦片相互作用产生足够大的__________而实现制动的。

10. 电磁离合器主要由___________、__________、__________、__________等组成。

二、简答题

1. 电动机在脱离电源后，若不采取任何制动措施，能否立即停转？为什么？

2. 简述断电制动型和通电制动型电磁抱闸制动器的工作原理。

3. 安装断电制动型电磁抱闸制动器后如何调试才算合格？

4. 简述电磁离合器的制动原理。

任务2　单向启动反接制动控制线路的安装与维修

一、填空题（将正确的答案填写在横线上）

1. 使电动机在切断电源停转的过程中，产生一个和电动机实际旋转方向＿＿＿＿＿的电磁力矩，迫使电动机迅速制动停转的方法叫作电力制动。

2. 电力制动常用的方法有＿＿＿＿＿、＿＿＿＿＿、＿＿＿＿＿、＿＿＿＿＿＿等。

3. 反接制动依靠改变电动机定子绕组的电源＿＿＿＿＿来产生制动力矩，迫使电动机迅速停转。

4. 速度继电器是反映＿＿＿＿＿和＿＿＿＿＿的继电器，其主要作用是以＿＿＿＿＿的快慢为指令信号，与接触器配合实现对电动机的＿＿＿＿＿控制。

5. JY1 型速度继电器主要由＿＿＿＿＿、＿＿＿＿＿、＿＿＿＿＿、＿＿＿＿＿及端盖组成。

6. 速度继电器的动作转速一般不低于＿＿＿＿＿ r/min，复位转速小于＿＿＿＿＿ r/min。

7. 速度继电器主要根据所需控制的＿＿＿＿＿、＿＿＿＿＿和＿＿＿＿＿、＿＿＿＿＿来选用。

8. 速度继电器也称为＿＿＿＿＿＿＿＿。

9. JY1 型速度继电器是利用＿＿＿＿＿＿＿＿＿来工作的。

10. 在反接制动设施中，为了保证电动机的转速被制动到接近＿＿＿＿＿＿时，能迅速切断电源，防止反向启动，常利用＿＿＿＿＿来自动地切断电源。

11. 反接制动时，旋转磁场与转子的相对转速为＿＿＿＿＿，致使定子绕组中的电流一般为电动机额定电流的＿＿＿＿＿倍。

12. 反接制动适用于＿＿＿＿＿ kW 以下小容量电动机的制动，并且对＿＿＿＿＿ kW 以上的电动机进行反接制动时，需要在定子绕组回路中串入＿＿＿＿＿，以限制反接制动电流。

二、简答题

1. 安装与使用速度继电器时应注意哪些问题？

2. 分析图 1－36 所示的单向启动反接制动控制线路在控制电路上有什么不同，并简述图 1－36c 所示控制线路的工作原理。

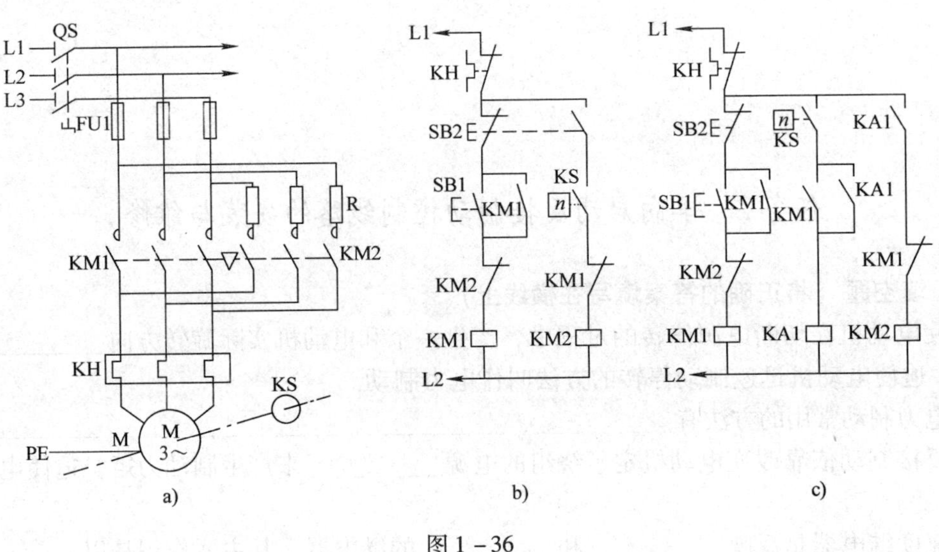

图 1－36

3. 图 1－37 所示是三相电动机双向启动反接制动控制线路，分析并回答以下问题。

（1）接触器、中间继电器和速度继电器在线路中各起什么作用？

（2）电动机的正向启动、反接制动由哪些电器配合完成？

（3）电动机的反向启动、反接制动由哪些电器配合完成？

（4）简述线路反向启动、反接制动的工作原理。

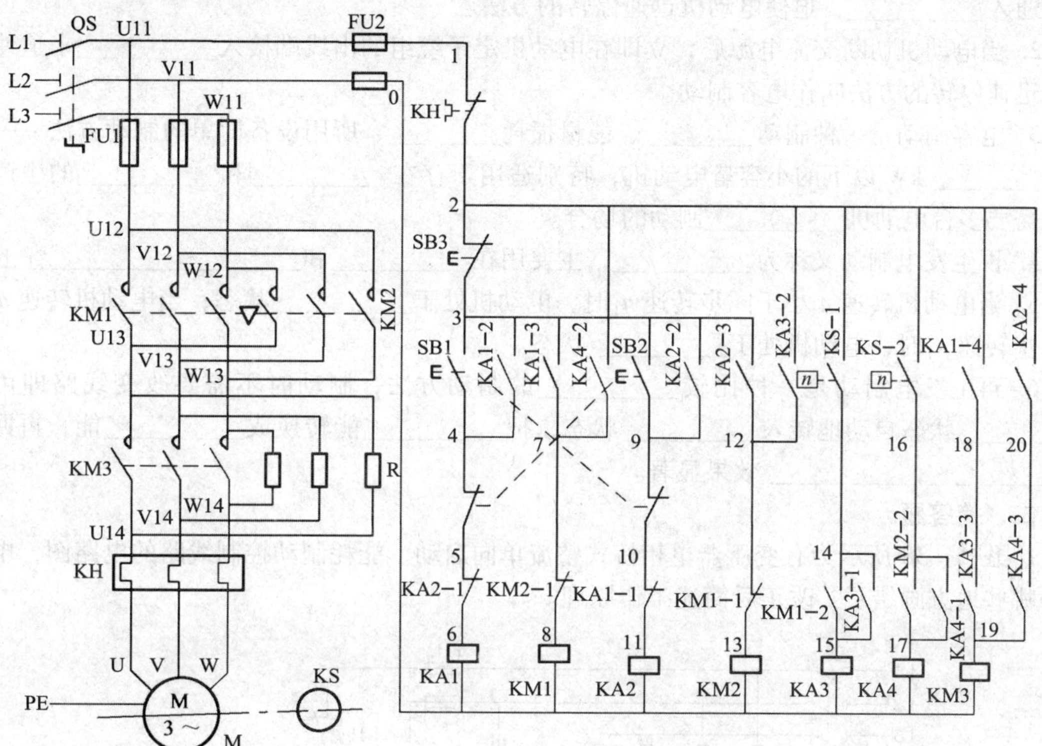

图 1－37

任务3　单向启动能耗制动自动控制线路的安装与维修

一、填空题（将正确的答案填写在横线上）

1. 能耗制动又称为__________，是当电动机切断交流电源后，立即在定子绕组的任意两相中通入__________，迫使电动机迅速停转的方法。

2. 当电动机切断交流电源后，立即在电动机定子绕组的出线端接入__________来迫使电动机迅速停转的方法叫作电容制动。

3. 电容制动是一种制动________、能量损耗________、所用设备简单的制动方法，一般用于________ kW 以下的小容量电动机，特别适用于存在__________和__________的生产机械和需要多台电动机__________制动的场合。

4. 再生发电制动又称为__________，主要用在__________和______________________上。

5. 当电动机转速 n 小于同步转速 n_1 时，电动机处于__________状态；当电动机转速 n 大于同步转速 n_1 时，电动机处于__________状态。

6. 再生发电制动是一种比较__________的制动方法，制动时不需要改变线路即可从__________状态自动地转入__________状态，把__________能转换成__________能，再回馈到__________，__________效果显著。

二、简答题

1. 图 1－38 所示为有变压器单相桥式整流单向启动、能耗制动控制线路的电路图，电路图中哪些地方画错了？改正后简述工作原理。

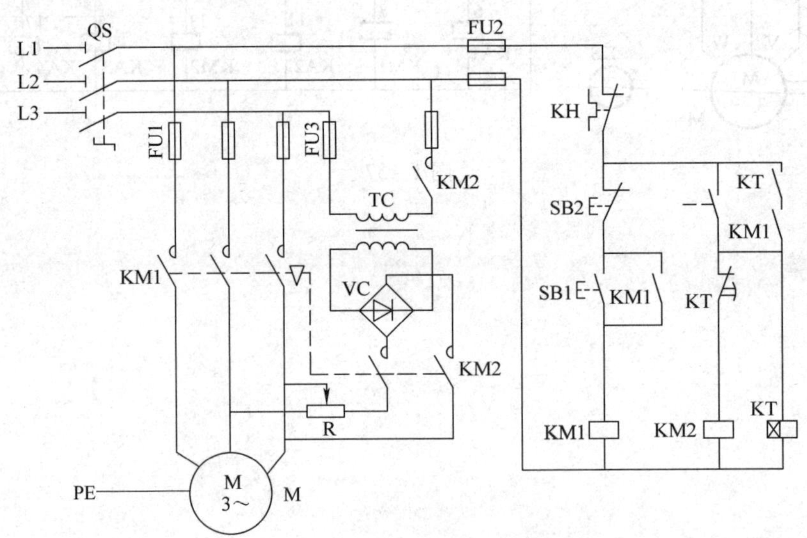

图 1－38

2. 分别简述反接制动、能耗制动、电容制动和再生发电制动的优、缺点及适用场合。

3. 补画图 1－39 所示电容制动控制线路的电路图。

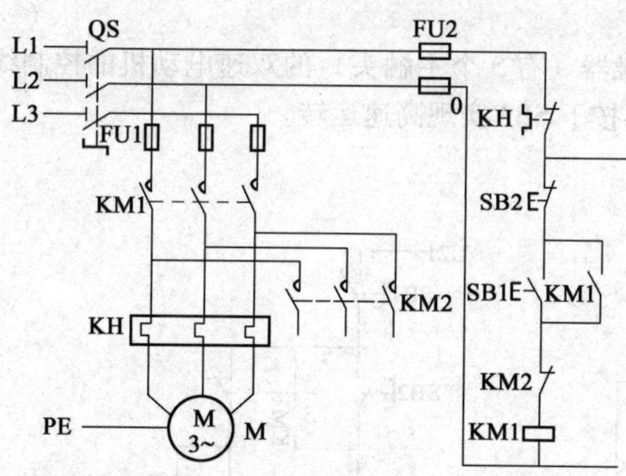

图 1－39

课题七　多速异步电动机控制线路的安装与维修

任务1　双速异步电动机控制线路的安装与维修

一、填空题（将正确的答案填写在横线上）

1. 三相异步电动机的调速方法有三种：一是改变__________调速，二是改变__________调速，三是改变__________调速。

2. 改变异步电动机的__________调速称为变极调速。变极调速是通过改变电动机__________的连接方式来实现的。

3. 变极调速是________级调速，只适用于__________异步电动机。

4. 凡__________可改变的电动机称为多速电动机。常见的多速电动机有__________、__________、__________等几种类型。

5. 双速异步电动机的定子绕组共有________个出线端，可做________形连接和________形连接，电动机低速时定子绕组接成________形，高速时定子绕组接成________形。

6. 双速异步电动机的定子绕组接成△形时，磁极为__________极，同步转速为__________r/min；接成YY形时，磁极为__________极，同步转速为__________r/min。

二、判断题（正确的打"√"，错误的打"×"）

1. 双速电动机定子绕组从一种接法改变为另一种接法时，必须把电源相序反接，以保证电动机在两种转速下的旋转方向相反。（　　）

2. 图1－40所示是采用CJ12B系列接触器（有5个主触头）的双速电动机的控制线路，电动机要高速运转时，必须先低速启动，再按下SB3实现高速运转。（　　）

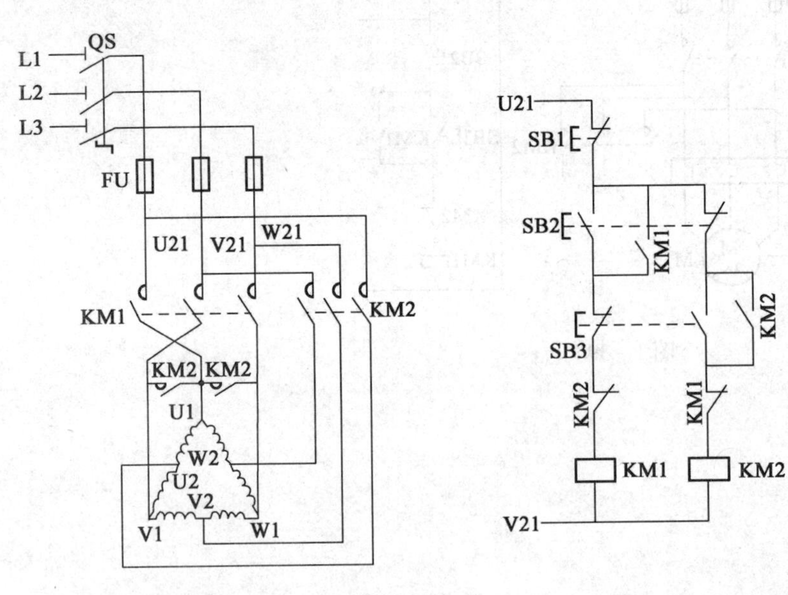

图1－40

三、选择题（将正确答案的序号填在括号内）

1. 双速电动机高速运转时，定子绕组出线端的连接方式应为（　　）。

A. U1、V1、W1 接三相电源，U2、V2、W2 空着不接

B. U2、V2、W2 接三相电源，U1、V1、W1 空着不接

C. U2、V2、W2 接三相电源，U1、V1、W1 并接在一起

D. U1、V1、W1 接三相电源，U2、V2、W2 并接在一起

2. 双速电动机高速运转时的转速是低速运转转速的（　　）倍。

A. 1　　　　B. 2　　　　C. 3

3. 在图 1－40 所示电路中，使电动机启动并做低速运转，应按下按钮（　　）。

A. SB1　　　　B. SB2　　　　C. SB3

4. 图 1－40 所示电路中，使电动机启动并做高速运转，应按下按钮（　　）。

A. SB1　　　　B. SB2　　　　C. SB3

四、简答题

1. 图 1－41 所示是时间继电器控制的双速电动机自动加速控制电路图，简述其工作原理。

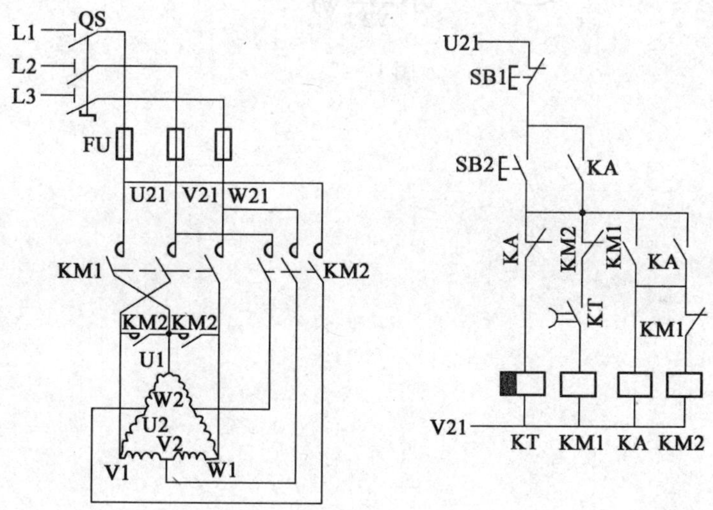

图 1－41

2. 图 1－42 所示是用转换开关和时间继电器控制双速电动机运转的电路图，分析各电器的作用，并简述线路的工作原理。

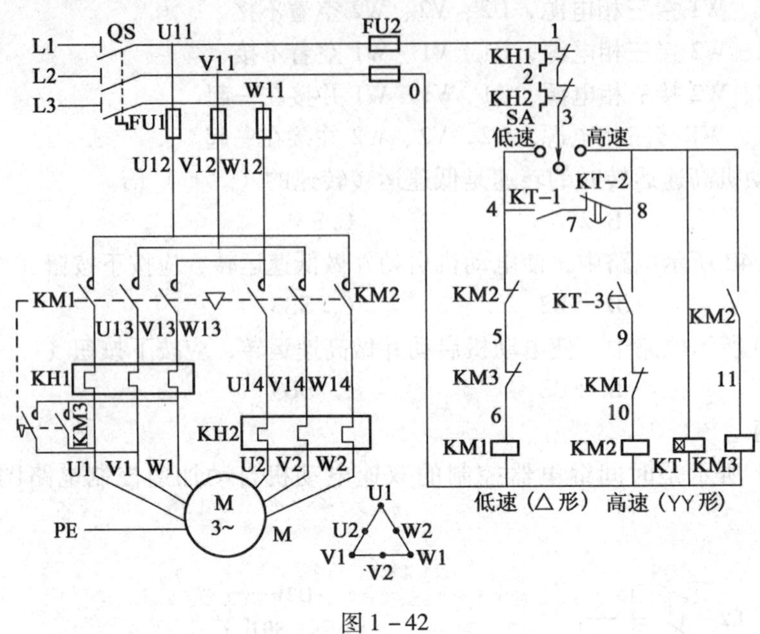

图 1－42

3. 现有一台双速电动机，按下述要求设计控制线路。

（1）分别用两个按钮操作电动机的高速启动与低速启动，用一个总停止按钮操作电动机停止。

（2）高速启动时，应先接成低速，经延时后再换接到高速。

（3）有短路保护和过载保护。

任务2　三速异步电动机控制线路的安装与维修

一、填空题（将正确的答案填写在横线上）

1. 三速异步电动机有＿＿＿＿＿套定子绕组，第一套双速绕组有＿＿＿＿＿个出线端，用＿＿＿＿＿、＿＿＿＿＿、＿＿＿＿＿、＿＿＿＿＿、＿＿＿＿＿、＿＿＿＿＿、＿＿＿＿＿表示，可做＿＿＿＿＿或＿＿＿＿＿连接；第二套单速绕组有＿＿＿＿＿个出线端，用＿＿＿＿＿、＿＿＿＿＿、＿＿＿＿＿表示，只做＿＿＿＿＿连接。

2. 三速异步电动机低速运行时，定子绕组接成＿＿＿＿＿形；中速运行时，定子绕组接成＿＿＿＿＿形；高速运行时，定子绕组接成＿＿＿＿＿形。

二、选择题（将正确答案的序号填在括号内）

1. 三速电动机低速运转时，定子绕组出线端的连接方式应为（　　）。

A. U1、V1、W1 接三相电源，U3、W1 并接在一起，其他出线端空着不接

B. U2、V2、W2 接三相电源，其他出线端空着不接

C. U4、V4、W4 接三相电源，其他出线端空着不接

D. U2、V2、W2 接三相电源，U1、V1、W1、U3 并接在一起，U4、V4、W4 空着不接

2. 三速电动机中速运转时，定子绕组出线端的连接方式应为（　　）。

A. U1、V1、W1 接三相电源，U3、W1 并接在一起，其他出线端空着不接

B. U2、V2、W2 接三相电源，其他出线端空着不接

C. U4、V4、W4 接三相电源，其他出线端空着不接

D. U2、V2、W2 接三相电源，U1、V1、W1、U3 并接在一起，U4、V4、W4 空着不接

3. 三速电动机高速运转时，定子绕组出线端的连接方式应为（　　）。

A. U1、V1、W1 接三相电源，U3、W1 并接在一起，其他出线端空着不接

B. U2、V2、W2 接三相电源，其他出线端空着不接

C. U4、V4、W4 接三相电源，其他出线端空着不接

D. U2、V2、W2 接三相电源，U1、V1、W1、U3 并接在一起，U4、V4、W4 空着不接

三、简答题

三速异步电动机第一套双速绕组的出线端 W1 和 U3 分开的目的是什么？

课题八　三相绕线转子异步电动机基本控制线路的安装与维修

任务1　转子绕组串接电阻启动控制线路的安装与维修

一、填空题（将正确的答案填写在横线上）

1. 绕线转子三相异步电动机可以通过__________在转子绕组中__________来改善电动机的机械特性，从而达到减小__________、增大__________以及调节__________的目的。

2. 在要求__________较大且有一定__________要求的场合，常常采用三相绕线转子异步电动机拖动。

3. 绕线转子三相异步电动机启动时，在转子回路中串入做__________形连接、__________的三相启动电阻器，并把可变电阻放到__________位置，以减小启动电流，增加启动转矩。随着电动机转速的升高，可变电阻__________。启动完毕，切除可变电阻器，转子绕组被直接__________，电动机便在额定状态下运行。

4. 电动机转子绕组中串接的外加电阻在每段切除前和切除后，三相电阻始终是对称的，称为三相________电阻器；若启动时串入的全部三相电阻是不对称的，且每段切除后三相仍不对称，则称为三相________电阻器。

5. 反映输入量为__________的继电器叫作电流继电器。使用时，电流继电器的线圈________联在被测电路中，当通过线圈的__________达到预定值时，其触头动作。

6. 为了降低串入电流继电器线圈后对原电路工作状态的影响，电流继电器线圈的匝数________，导线________，阻抗________。

7. 电流继电器分为__________继电器和__________继电器两种。

8. 欠电流继电器的吸引电流一般为线圈额定电流的__________倍，释放电流为线圈额定电流的__________倍。

9. JT4 系列为交流通用继电器，在这种继电器的电磁系统上装设不同的线圈，便可制成__________、__________、__________或__________等继电器。

10. 在电路正常工作时，过电流继电器线圈通过额定电流时是__________的。

11. 当电路中发生短路或过载故障，通过过电流继电器线圈的电流达到或超过__________时，铁芯和衔铁才吸合，带动触头动作。

12. 在电路正常工作时，欠电流继电器的衔铁与铁芯始终是__________的。只有当电流降至低于整定值时，欠电流继电器__________，发出信号，从而改变电路的状态。

13. 过电流继电器的吸合电流为__________倍的额定电流。

14. 三相笼型异步电动机串接电阻降压启动控制线路的启动电阻串接于__________中，

而三相绕线转子异步电动机串接电阻启动控制线路的启动电阻串接于＿＿＿＿＿中。

二、画图填空题

图 1－43 所示为三相绕线转子异步电动机串电阻启动控制线路的主电路，补画出用时间继电器自动控制的控制电路图，并根据完整线路填空。

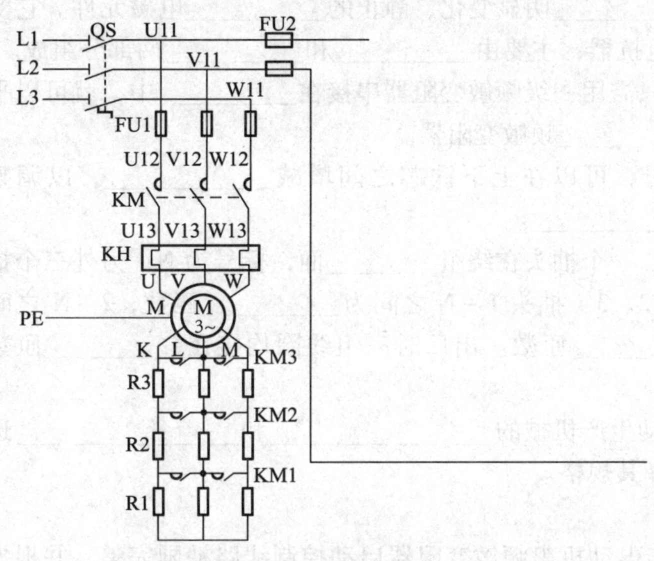

图 1－43

1. 启动时，时间继电器得电的顺序依次是＿＿＿＿＿、＿＿＿＿＿和＿＿＿＿＿；接触器得电的顺序依次是＿＿＿＿＿、＿＿＿＿＿、＿＿＿＿＿和＿＿＿＿＿。

2. 启动完毕正常工作时，只有＿＿＿＿＿和＿＿＿＿＿的线圈处于通电状态。与启动按钮 SB1 串接的接触器 KM1、KM2、KM3 的辅助常闭触头的作用是保证电动机只有在＿＿＿＿＿串入全部外加电阻的条件下才能＿＿＿＿＿。

三、简答题

1. 如何选用电流继电器？

2. 安装与使用电流继电器时应注意哪些问题？

任务2　转子绕组串接频敏变阻器启动控制线路的安装与维修

一、填空题（将正确的答案填写在横线上）

1. 频敏变阻器是一种阻抗值随__________明显变化、静止的__________电磁元件。它实质上是一个__________非常大的三相电抗器，主要由__________和__________两部分组成。

2. 绕线转子异步电动机启动时，只需用一级频敏变阻器串接在__________中，就可以平稳地把电动机启动起来，启动完毕__________频敏变阻器。

3. 拧开频敏变阻器螺栓上的螺母，可以在上下铁芯之间增减__________，以调整__________的长度。出厂时该长度为__________。

4. 频敏变阻器的绕组有四个抽头，一个抽头在绕组________面，标号为N；另外三个抽头在绕组________面，标号分别为1、2、3。抽头1－N之间为__________匝数，2－N之间为__________匝数，3－N之间为__________匝数。出厂时三组线圈均接在__________匝数抽头处，并接成__________形。

5. 频敏变阻器应根据电动机所拖动生产机械的________________和________________选择其系列，再按电动机__________选择其规格。

二、画图填空题

把图1－44所示三相绕线转子异步电动机串频敏变阻器启动控制线路补画完整，并根据完整线路填空。

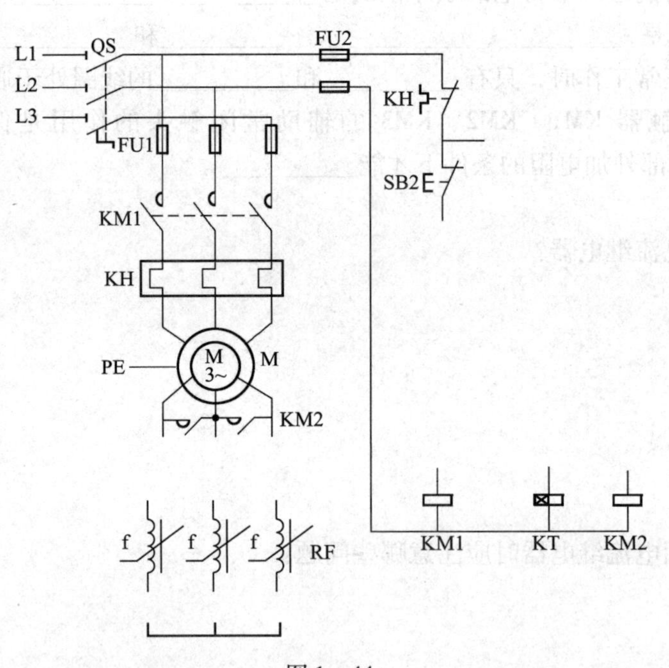

图1－44

1. 按下 SB1，__________线圈得电，对应的主触头和自锁触头闭合自锁，电动机 M 串__________启动。

2. 按下 SB1，__________线圈得电，经 KT 整定时间，其常开触头闭合，__________线圈得电，__________主触头闭合，短接切除__________，电动机 M 启动结束，正常运行。

三、简答题

1. 为什么要用频敏变阻器代替启动电阻来启动绕线转子异步电动机？其优、缺点各是什么？

2. 安装和使用频敏变阻器时应注意哪些问题？

3. 如何正确调整频敏变阻器的匝数和气隙？

任务3 绕线转子异步电动机凸轮控制器控制线路的安装与维修

一、填空题（将正确的答案填写在横线上）

1. 凸轮控制器是利用__________来操作动触头动作的控制器，主要用于控制容量不大于__________kW 的中小型__________异步电动机的启动、调速和换向。

2. KTJ1 系列凸轮控制器主要由__________、__________、__________、__________和__________等部分组成。

3. KTJ1 系列凸轮控制器的触头系统共有________对触头，其中，________对为常开触头，________对为常闭触头。

4. 凸轮控制器主要根据所控制电动机的__________、__________、__________、工作制和控制位置数目等来选择。

5. 凸轮控制器必须牢固、可靠地用安装螺钉固定在__________或__________上，其金属外壳上的接地螺钉必须与__________可靠连接。

6. 在进行凸轮控制器启动操作时，手轮不能转动__________，应逐级启动，防止电动机的__________过大；停止使用时，应将手轮准确地停在__________。

二、画图填空题

图1－45所示为绕线转子异步电动机凸轮控制器的控制线路。根据线路的工作原理，填画凸轮控制器的触头分合表，并填空。

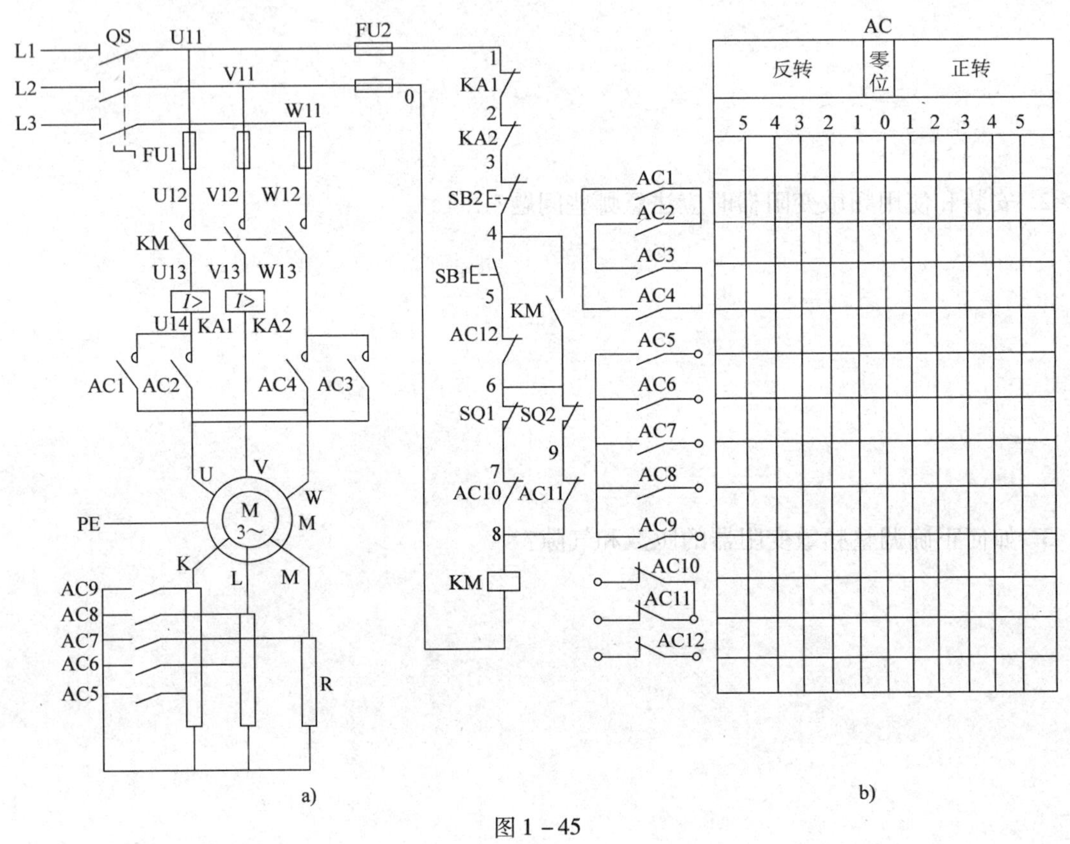

图1－45

线路中组合开关QS作为__________引入开关；熔断器FU1、FU2分别作__________和__________的短路保护；接触器KM控制电动机电源的__________，同时起__________和__________保护作用；行程开关SQ1、SQ2分别作电动机正反转时工作机构的__________保护；过电流继电器KA1、KA2作电动机的__________保护；凸轮控制器AC有12对触头，其中最上面4对配有灭弧罩的常开触头AC1～AC4接在__________中，用于控制电动机__________；中间5对常开触头AC5～AC9与__________相接，用来逐级切换__________，以控制电动机的__________和__________；最下面的3对常闭触头AC10～AC12用于控制电路作__________保护。

三、简答题

1. 用凸轮控制器控制绕线转子异步电动机时，通电试运转的操作顺序是什么？

2. 在凸轮控制器控制线路中，如何实现零位保护？

3. 凸轮控制器的常见故障有哪些？

模块二　直流电动机基本控制线路的安装与维修

课题一　直流并励电动机基本控制线路的安装与维修

任务1　直流并励电动机启动控制线路的安装与维修

一、填空题（将正确的答案填写在横线上）

1. 直流电动机具有__________大、__________广、__________高、能够实现__________平滑调速以及可以频繁启动等一系列优点。

2. 对需要在大范围内实现无级平滑调速，或需要大启动转矩的生产机械，常用__________来拖动。

3. 直流电动机按照主磁极绕组与电枢绕组接线方式的不同，可以分为__________式和自励式两种。自励式又可分为__________、__________和__________三种。

4. 直流电动机常用的启动方法有两种，一是__________串联电阻启动；二是降低__________启动。

5. BQ3 型直流电动机启动变阻器用于________容量且电压不超过________V 的直流电动机的启动，它主要由__________、________________和__________三大部分组成。

二、判断题（正确的打“√”，错误的打“×”）

1. 直流并励电动机常采用电枢回路串联电阻的方法启动。（　）

2. 直流并励电动机励磁绕组的电感较小。（　）

3. 直流并励电动机励磁绕组的匝数多，导线截面积较小，励磁电流只占电枢电流的一小部分。（　）

三、简答题

1. 直流并励电动机在启动和运行时，为什么不能将励磁绕组断开？

2. 什么是直流并励电动机的“飞车”事故？怎样防止“飞车”事故的发生？

3. 检修直流并励电动机启动控制线路时发现，当手柄移至启动电阻某点时电动机停转，这是什么原因造成的？应如何检修？

任务2　直流并励电动机正反转控制线路的安装与维修

一、填空题（将正确的答案填写在横线上）

1. 直流电动机反转的方法有两种，一是__________反接法；二是__________反接法。直流并励电动机常采用__________反接法。

2. 在将电枢绕组反接的同时必须连同换向极绕组一起反接，以达到__________的目的。

二、简答题

1. 直流并励电动机为什么常采用电枢绕组反接法来实现反转？

2. 直流并励电动机在运行时，发现电动机正转时启动电阻正常，但反转时启动电阻出现过热的现象，可能的原因是什么？应如何检修？

任务3　直流并励电动机制动控制线路的安装与维修

一、填空题（将正确的答案填写在横线上）

1. 直流电动机的制动方法分为________和________两大类。

2. 直流电动机机械制动常用的方法是____________，电力制动常用的方法有________、________和____________三种。

3. 反映输入量为________的继电器叫作电压继电器。电压继电器在使用时，其线圈______联在被测量电路中，根据线圈两端________的大小接通或断开电路。

4. 电压继电器分为________继电器、________继电器和________继电器。

5. 过电压继电器是当电压________其整定值时就动作的电压继电器，主要用于对电路或设备的________保护。

6. 当电压降至某一规定范围时就释放的电压继电器是________继电器，当电压降至接近消失时才释放的电压继电器是________继电器。

7. 电压继电器主要根据继电器线圈的________、触头的________和________进行选用。

8. JT4 – P 系列欠电压继电器的释放电压可在________ U_N范围内整定，零电压继电器的释放电压可在________ U_N范围内调节。

9. 保持直流电动机________电流不变，将________绕组的电源切除后，立即使其与________连接成闭合回路，迫使电动机迅速停转的方法叫作能耗制动。

二、选择题（将正确答案的序号填在括号内）

1. 直流并励电动机的反接制动是通过把正在运行的电动机的（　　）突然反接来实现的。

A. 励磁绕组　　B. 电枢绕组　　C. 励磁绕组和电枢绕组

2. 下列（　　）不属于直流电动机的电气调速方法。

A. 电枢回路串电阻　　B. 改变主磁通

C. 改变电枢电压　　D. 电枢回路并电阻

三、简答题

1. 如何实现直流电动机的反接制动？直流并励电动机采用电枢绕组反接法制动时应注意哪两点？

2. 分析并简述图 2－1 所示电路反向启动及反接制动的工作原理。

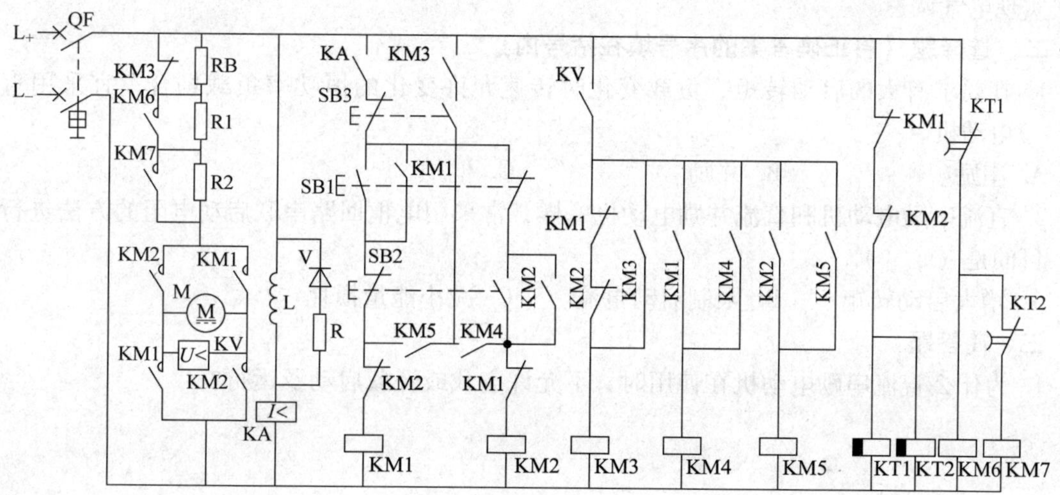

图 2－1

课题二　直流串励电动机基本控制线路的安装与维修

任务1　直流串励电动机启动、调速控制线路的安装与维修

一、填空题（将正确的答案填写在横线上）

1. 直流串励电动机与直流并励电动机相比较，主要有以下特点：一是具有较大的__________，__________性能好；二是__________较强。

2. 直流串励电动机可以通过在________________、改变__________和改变__________的方法实现电气调速。

二、选择题（将正确答案的序号填在括号内）

1. 在要求有大的启动转矩、负载变化时转速允许变化的恒功率负载场合，宜采用直流(　　)电动机。

A. 串励　　B. 并励　　C. 他励

2. 直流串励电动机和直流并励电动机一样，常采用电枢回路串联启动电阻的方法进行启动，目的是（　　）。

A. 增大启动转矩　　B. 限制启动电流　　C. 减小能量损耗

三、简答题

1. 为什么直流串励电动机在使用时，不允许空载或轻载启动及运行？

2. 对于主磁通的调速，在大型直流串励电动机和小型直流串励电动机上分别采用什么方式实现？

任务2 直流串励电动机正反转控制线路的安装与维修

一、选择题（将正确答案的序号填在括号内）

1. 直流串励电动机的反转常采用（ ）反接法来实现。

A. 电枢绕组　　B. 励磁绕组　　C. 电枢绕组和励磁绕组

2. 直流串励电动机电枢绕组两端的电压很（ ），励磁绕组两端的电压较（ ）。

A. 高 高　　B. 高 低　　C. 低 高

3. 内燃机车反转常采用（ ）反接法。

A. 电枢绕组　　B. 励磁绕组　　C. 电枢绕组和励磁绕组

二、简答题

1. 直流串励电动机在运行时，发现电动机正转正常，但按下停止按钮后再按下反转按钮，直流电动机却不能反转，可能的原因是什么？应如何检修？

2. 图2－2所示的电路能否正常实现直流串励电动机的正反转控制？如果不能，指出错误之处。

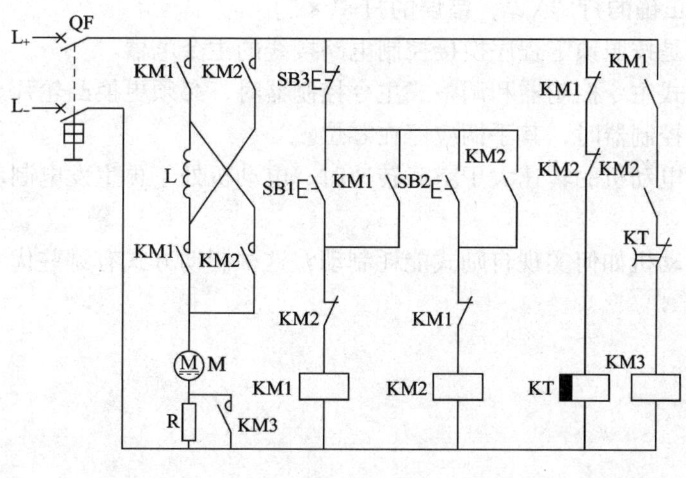

图2－2

任务3　直流串励电动机制动控制线路的安装与维修

一、填空题（将正确的答案填写在横线上）

1. 直流串励电动机电力制动的方法有__________和__________两种。

2. 直流串励电动机的能耗制动分为__________和__________两种。

3. 主令控制器安装前应操作手柄不少于______次。投入运行前，应使用 500 ~ 1 000 V 的兆欧表测量其绝缘电阻，绝缘电阻一般应大于______ MΩ。主令控制器外壳上的接地螺栓应与__________可靠地连接。

4. LK1 系列主令控制器主要由__________、__________、__________、__________、__________、__________、支架及外护罩组成。

5. 主令控制器触头的闭合和分断顺序是由__________的形状决定的。

6. 主令控制器按结构形式分为____________________和____________________两种。

7. 主令控制器主要根据__________、所需控制的__________、________________等进行选择。

8. 直流串励电动机的反接制动可以通过两种方式实现：一是________________________；二是________________。

9. 位能负载时转速反向法是强迫直流电动机__________，使直流电动机的转速方向与电磁转矩的方向__________，以实现制动。

二、判断题（正确的打“√”，错误的打“×”）

1. 主令控制器是按照预定程序换接控制电路接线的主令电器。（　　）

2. 调整非调整式主令控制器和调整式主令控制器时，必须更换凸轮片。（　　）

3. 不使用主令控制器时，其手柄应停在零位。（　　）

4. 当直流串励电动机的转速大于空载转速时，电动机处于再生发电制动状态。（　　）

三、简答题

1. 直流串励电动机如何实现自励式能耗制动？这种制动方式有哪些优、缺点？

2. 分析图 2－3 所示小型直流串励电动机他励式能耗制动控制线路的工作原理。

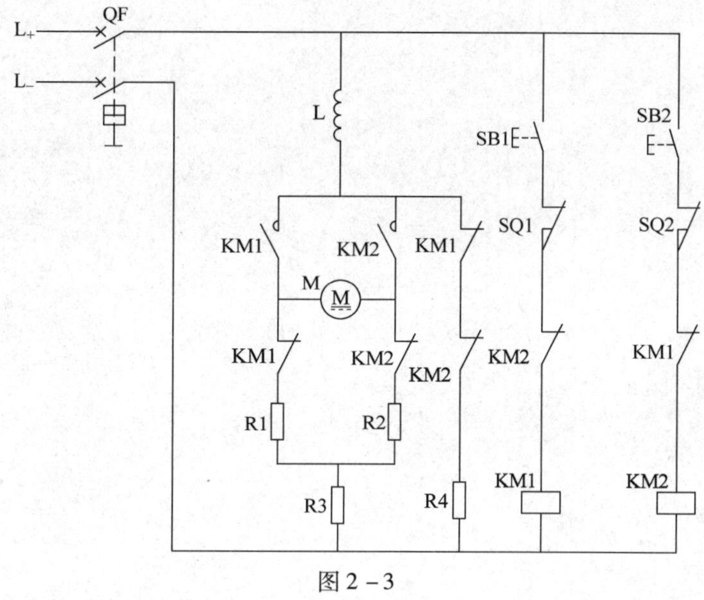

图 2－3

3. 主令控制器有哪些功能？安装和使用时应注意什么？

4. 什么是直流串励电动机电枢直接反接制动法？采用此法，能否直接将电源极性反接？为什么？

模块三　电气控制线路的绘制与设计

课题一　电气控制线路的绘制

一、填空题（将正确的答案填写在横线上）

1. 对幅面较大、内容较多的图纸，为了便于确定图上的内容，补充、更改组成部分的位置，为识图提供方便，可在图纸上进行__________。

2. 图纸幅面分区数应为__________。每一分区的长度一般不小于______mm，而不大于______mm。

3. 电气图中的字体一般与机械制图中的字体要求相同，即必须达到字体__________、笔画__________、排列__________、间隔__________，并采用国家正式公布的__________。

4. 图纸的格式主要包括__________及__________。

5. 电气图中的围框在图纸上必须用粗实线画出，其格式分为______________和______________两种。

6. 在电气图中，凡是画在电路的信号线和连接线上的箭头应画成__________的，表示信号流或能量流，画在指引线上末端的箭头应画成__________的，表示运动方向或指向。

7. 指引线采用细实线，指向被注释处，末端在轮廓线上的用一__________标记，末端在轮廓线内的用一__________标记，末端在电路线上的用一__________标记。

8. 在电气图中，通常把用一个图形符号表示的基本件、部件、组件、功能单元、设备、系统等统称为__________。

9. 项目代号“=T2+D14-K5：11”中，“=T2”是______________，表示设备__________；“+D14”是__________，表示设备__________在__________位置上；“-K5”是__________，表示__________类器件；而“：11”表示__________是__________。

10. 绘制电路图时，一般先绘制__________，后绘制__________、__________，最后绘制__________等。

11. 识读电路图时，首先要分清________电路和________电路，__________电路和__________电路，其次按照先看__________电路，再看__________电路的顺序读图。

12. 通常识读主电路是从__________往__________看，即从__________开始，经控制元件依次往__________看。

13. 看辅助电路时，一般自__________而__________、从__________向__________看，即先看__________，再依次看各条回路，分析各条回路元件的工作情况，以及对主电路的控制关系。

14. 系统图与框图中的“线框”应是__________画成的框，“围框”则是用__________画成的框。

二、判断题（正确的打“√”，错误的打“×”）

1. 图纸幅面每个分区内的编号，从标题栏相对的左上角开始，竖边和横边都用阿拉伯数字依次连续编号。（　　）

2. 区域代号可用该区域的编号字母和数字表示。（　　）

三、选择题（将正确答案的序号填在括号内）

1. 在电气图中，通常只选用两种宽度的图线，且一般粗线条的宽度为细线条宽度的（　　）倍。

A. 1　　B. 2　　C. 3　　D. 4

2. 在电气图中，如需两种或两种以上宽度的线条，应按细线条宽度的（　　）倍数递增。

A. 1　　B. 2　　C. 3　　D. 4

3. 电气图中的基本线用（　　）。

A. 实线　　B. 虚线　　C. 点画线　　D. 双点画线

4. 电气图中的标题栏应位于图纸的（　　）。

A. 左下角　　B. 中间　　C. 右下角　　D. 任意位置

四、简答题

1. 图纸幅面按标准规定可分为哪两类？在图3－1中标出基本幅面的代号及其尺寸。

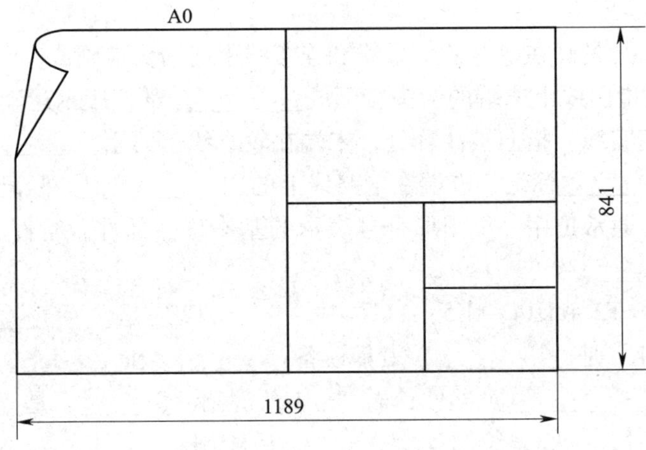

图3－1

2. 图纸幅面分区数是偶数还是奇数？如何进行分区编号？画图标出 C3 区域。

3. 简述绘制电气图连接线时的注意事项。

4. 一个完整的项目代号应由哪四部分组成？说明前缀符号“ = ”“ + ”“ - ”和“ :”各自表示的代号段。

5. 什么是端子代号？端子代号与项目代号有什么关系？

6. 什么是框图？什么是系统图？两者有何区别？

7. 识读图 3－2 所示 CW6163 卧式车床的电路图、布置图和接线图，简述其电路组成和工作原理。

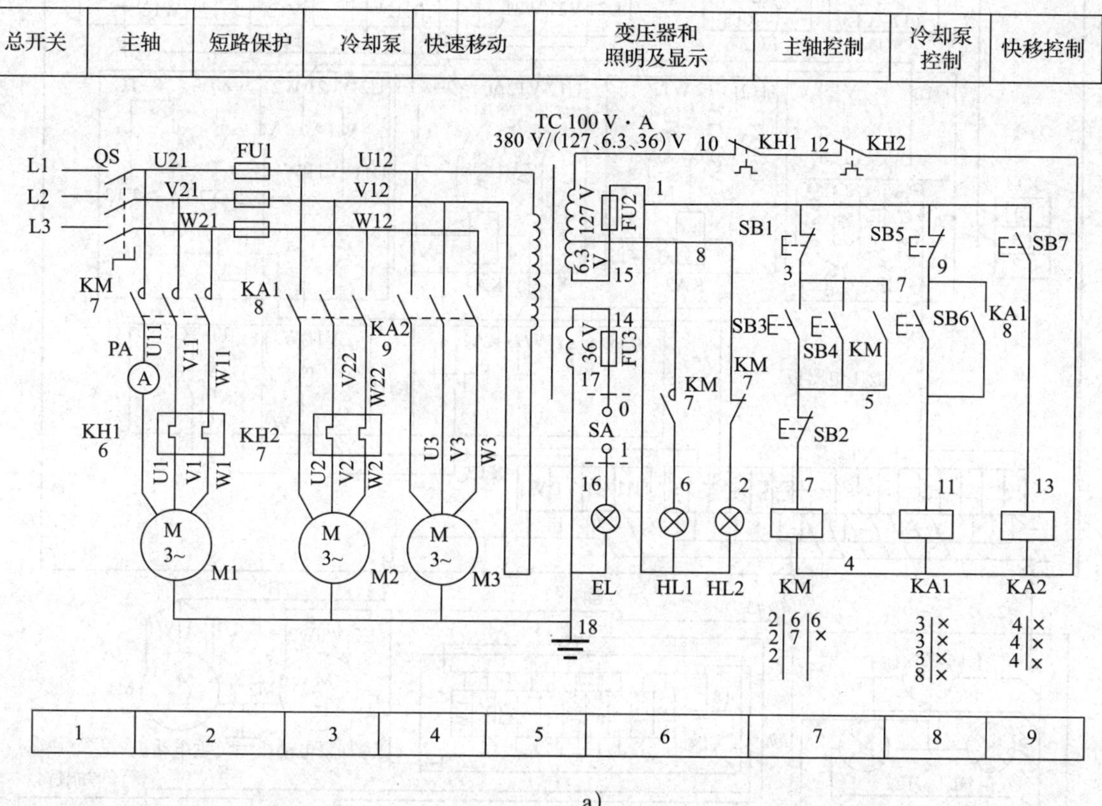

a)

QS
FU3
FU2
FU1
XT1
TC
KA2
KA1
KM
KH2
KH1
XT3
XT2

b)

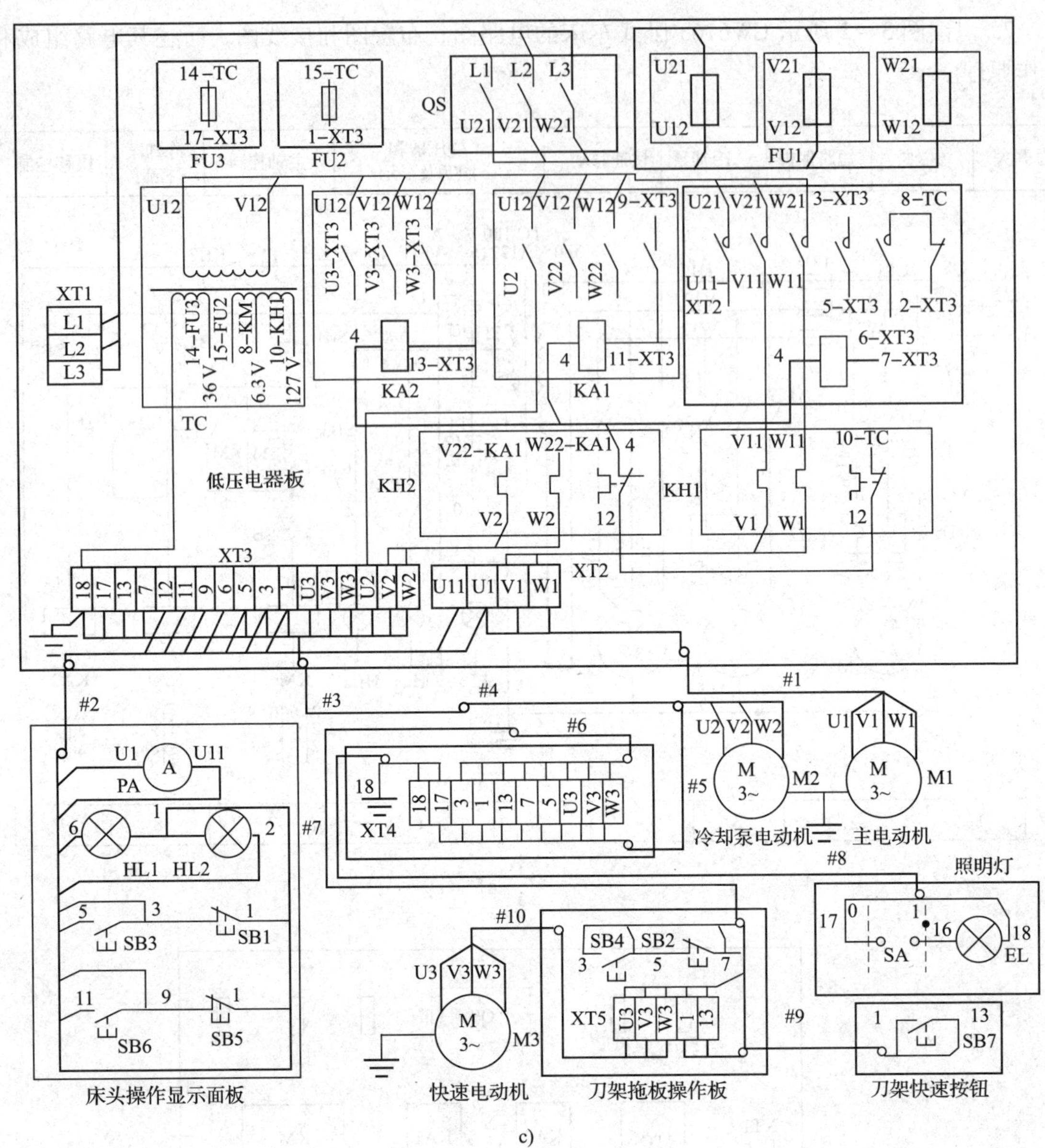

图 3－2

a）电路图　b）布置图　c）接线图

课题二　电气控制线路的设计

一、填空题（将正确的答案填写在横线上）

1. 对电动机控制的一般原则有以下几种：________原则、________原则、________原则和________原则。

2. 反映速度变化的电器有多种，直接测量速度的电器有________、________；间接测量电动机速度的电器，对于直流电动机可用________来反映，通过________来控制；对于交流绕线转子异步电动机可用________来反映，通过________来控制。

3. 电动机在运行的过程中，常用的保护措施有________保护、________保护、________保护、________保护、________保护、________保护和弱磁保护等。

4. 在电动机控制线路中，实现短路保护的电器是________和________。

5. 在电动机控制线路中，实现过载保护常用的电器是________。

6. 在电动机控制线路中，实现欠压保护的电器是________和________。

7. 在电动机控制线路中，实现失压保护的电器是________和________。

8. 在电动机控制线路中，实现过流保护常用的电器是________。

9. 在直流电动机控制线路中，实现弱磁保护的电器是________。

10. 选择和设置保护装置的目的不仅是使电动机________，还应使电动机得到________。

11. 电子式电动机多功能保护器是一种高________、高________的保护装置。

12. 电动机的工作方式有________、________和________三种。

13. 选择电动机时，应从________、________、________、________、________等几方面综合考虑，做到既经济又合理。

14. 短期工作制电动机的标准工作时间有______ min、______ min、______ min、______ min四种。

15. 选择周期性断续工作制电动机功率时，当负载持续率≤10%时，按________选择；当负载持续率≥70%时，按________选择。

16. 中小型交流电动机的额定电压一般为______ V，大型交流电动机的额定电压一般为______ kV和______ kV等。直流电动机的额定电压一般为______ V、______ V和______ V等，最常用的直流电压等级为________ V。

17. 电动机按其安装方式不同可分为________和________两种，在一般情况下应选用________电动机。

18. 电动机按轴伸个数分为__________和__________两种，一般情况下，选用__________电动机，特殊情况下才选用__________电动机。

19. 电动机按防护形式分为__________、__________、__________和__________四种。

20. 封闭式电动机分为__________、__________和__________三种。

21. 在发生短路故障时，保护电器应立即动作，迅速将电源__________。

二、判断题（正确的打“√”，错误的打“×”）

1. 在三相交流电力系统中，最常见和最危险的故障是各种形式的短路。（　　）

2. 只要电动机过载，其保护电器热继电器会瞬间动作并切断电动机电源。（　　）

3. 由于热继电器的热惯性大，所以在电动机控制线路中，热继电器只适合用于过载保护，不宜用于短路保护。（　　）

4. 不管是直流电动机，还是交流电动机，都要进行弱磁保护。（　　）

5. 一个正确的保护方案应该是使电动机在充分发挥过载能力的同时不但免于损坏，还能提高电力拖动系统的可靠性和生产的连续性。（　　）

6. 电动机的额定转速必须为 750 ~ 1 500 r/min。（　　）

7. 电动机的选择因素中，合理选择电动机的额定功率最为重要。（　　）

三、选择题（将正确答案的序号填在括号内）

1. 根据生产机械运动部件的行程或位置，利用（　　）来控制电动机的工作状态称为行程控制原则。

A. 电流继电器　　B. 时间继电器　　C. 行程开关　　D. 速度继电器

2. 利用（　　）按一定时间间隔来控制电动机的工作状态称为时间控制原则。

A. 电流继电器　　B. 时间继电器　　C. 行程开关　　D. 速度继电器

3. 根据电动机的速度变化，利用（　　）等电器来控制电动机的工作状态称为速度控制原则。

A. 电流继电器　　B. 时间继电器　　C. 行程开关　　D. 速度继电器

4. 根据电动机主回路电流的大小，利用（　　）来控制电动机的工作状态称为电流控制原则。

A. 电流继电器　　B. 时间继电器　　C. 行程开关　　D. 速度继电器

5. 短期工作制电动机的实际工作时间符合标准工作时间时，电动机的额定功率 P_N 与负载功率 P_L 之间应满足（　　）。

A. $P_N \geqslant P_L$　　B. $P_N \leqslant P_L$　　C. $P_N < P_L$　　D. $P_N > P_L$

6. 在干燥、清洁的环境中应选用（　　）电动机。

A. 防护式　　B. 开启式　　C. 封闭式　　D. 防爆式

7. 在比较干燥、灰尘不多、无腐蚀性气体和爆炸性气体的环境中，应选用（　　）电动机。

A. 防护式　　B. 开启式　　C. 封闭式　　D. 防爆式

8. 在潮湿、尘土多、有腐蚀性气体、易引起火灾和易受风雨侵蚀的环境中，应选用（　　）电动机。

A. 防护式　　B. 开启式　　C. 封闭式　　D. 防爆式

9. 在有易燃、易爆气体的危险环境中应选用（　　）电动机。

A. 防护式　　B. 开启式　　C. 封闭式　　D. 防爆式

四、简答题

1. 热继电器在什么情况下不动作？什么情况下动作？

2. 电动机在什么情况下容易过流？在电动机的电气控制线路中，是如何实现过流保护的？

3. 为什么要对直流电动机进行弱磁保护？欠电流继电器是怎样完成弱磁保护的？

4. 过载保护与过流保护有何区别？

5. 选择电动机时应遵循哪些基本原则？

6. 若把电动机的额定功率选得过大或过小，会产生哪些不利影响？

7. 电动机带动恒定负载连续工作时，如何选择电动机的功率？若环境温度与标准值相差较大，应对功率做怎样的修正？其原则是什么？

8. 若电动机的额定电压低于或高于现场供电电网电压，会产生什么后果？

9. 在选用电动机时，为什么要优先选用三相笼型异步电动机？

10. 设计电气控制线路应遵循的基本原则是什么？

11. 设计电气控制线路时应注意哪些问题？

五、画图题

1. 按照时间控制原则设计控制线路，具体要求：按下启动按钮后，接触器 KM1 通电，经 10 s 后，接触器 KM2 通电，再经 5 s 后，KM2 断电释放，同时 KM3 通电，再经 15 s 后，KM1、KM2、KM3 均断电。

2. 某机床的主轴和润滑油泵分别由两台三相笼型异步电动机拖动，并要求：

（1）润滑油泵电动机启动后主轴电动机才能启动。

（2）主轴电动机能正反转，且能单独停车。

（3）线路具有短路、过载、欠压及失压保护。

画出控制电路图。

3. 在图 3－3 中，要求按下启动按钮后能依次完成下列动作。

（1）运动部件 A 从位置 1 移动到位置 2。

（2）接着 B 从位置 3 移动到位置 4。

（3）接着 A 从位置 2 回到位置 1。

（4）接着 B 从位置 4 回到位置 3。

画出控制电路图。（提示：使用四个行程开关，将其装在原位和终点）

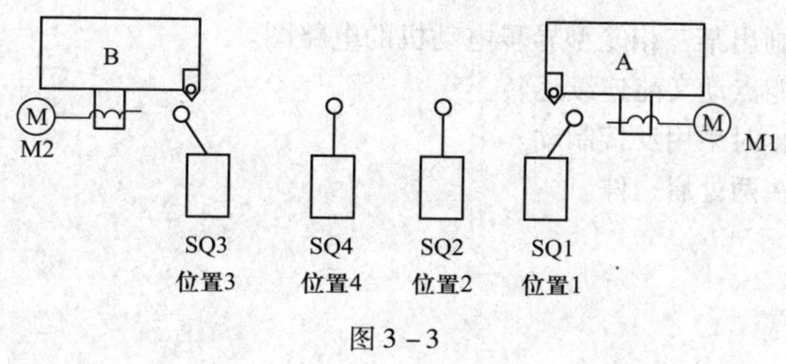

图 3 – 3

4. 在上题中完成上述动作后要求能进行自动循环工作，则控制电路需要如何改进？

5. 要求三台笼型异步电动机 M1、M2、M3 按 M1→M2→M3 的顺序依次启动，并要求它们能同时停止，画出控制电路图。

6. 按下述要求画出某三相笼型异步电动机的电路图。

（1）电动机既能点动又能连续运转。

（2）电动机停止时采用反接制动。

（3）电动机能在两处启、停。

7. 画出控制电路图。要求：电动机 M1 启动后，M2 才能启动，且 M2 能单独停止。

8. 画出控制电路图。要求：电动机 M1 启动后，M2 才能启动，且 M2 能点动控制。

9. 画出控制电路图。要求：电动机 M1 先启动，经过一定时间后 M2 才能自行启动。

10. 画出控制电路图。要求：电动机 M1 先启动，经过一定时间后 M2 才能自行启动，但 M2 启动后，M1 应立即停转。

11. 设计一个小车运行的控制线路，其要求如下。

（1）小车由原位开始前进，到终端后自动停止。

（2）小车在终端停留 2 min 后自动返回原位停止。

（3）小车在前进或后退途中任意位置都能停止或启动。

12. 有一台三级带运输机，分别由 M1、M2、M3 三台电动机拖动，其布局如图 3－4 所示，动作顺序如下。

（1）按 M1→M2→M3 的顺序启动。

（2）按 M3→M2→M1 的顺序停止。

（3）上述动作按时间原则控制。

画出控制电路图。

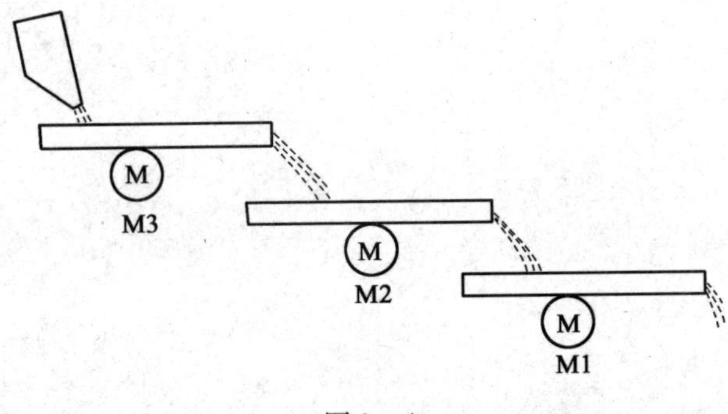

图 3－4